高等职业院校林业技术专业系列教材

森林可持续经营教程

唐志强　杨　繁　主编

中国林业出版社
China Forestry Publishing House

图书在版编目(CIP)数据

森林可持续经营教程 / 唐志强,杨繁主编. —北京:中国林业出版社,2020.12
高等职业院校林业技术专业系列教材
ISBN 978-7-5219-0957-9

Ⅰ.①森… Ⅱ.①唐… ②杨… Ⅲ.①森林经营-可持续性发展-研究-中国、
德国-高等职业教育-教材 Ⅳ.①S75

中国版本图书馆 CIP 数据核字(2020)第 259772 号

责任编辑:田 苗
责任校对:苏 梅
封面设计:五色空间

出版发行 中国林业出版社
　　　　　(100009,北京市西城区刘海胡同 7 号,电话 83143557)
电子邮箱 cfphzbs@163.com
网　　址 https://www.cfph.net
印　　刷 北京中科印刷有限公司
版　　次 2020 年 12 月第 1 版
印　　次 2020 年 12 月第 1 次印刷
开　　本 787mm×1092mm 1/16
印　　张 12.25
字　　数 281 千字
定　　价 49.00 元

《森林可持续经营教程》
编写人员

主　　编　唐志强　杨　繁

副 主 编　吴　东　白　琳

编写人员　（按姓氏拼音排序）

白　琳（湖北生态工程职业技术学院）

来　羽（湖北生态工程职业技术学院）

李秀梅（湖北生态工程职业技术学院）

祁雄辉（湖北生态工程职业技术学院）

佘远国（湖北生态工程职业技术学院）

唐志强（湖北生态工程职业技术学院）

吴　东（湖北省林业勘察设计院）

王尹涛（五峰土家族自治县林业局）

杨　繁（湖北生态工程职业技术学院）

姚敏敏（湖北生态工程职业技术学院）

袁　率（湖北生态工程职业技术学院）

章承林（湖北生态工程职业技术学院）

赵玉清（湖北生态工程职业技术学院）

周火明（湖北生态工程职业技术学院）

周鸣惊（湖北生态工程职业技术学院）

主　　审　白　涛（湖北生态工程职业技术学院）

前　言

我国森林资源丰富，人工林面积居世界首位，然而人工林质量却不高，急需培养一批既懂理论、懂技术、会操作，还能带领一线人员开展科学生产的森林资源经营管理技术人员。林业兴则生态兴，生态兴则文明兴。湖北省地处长江中下游，生态地位十分重要，开展森林可持续经营，对于湖北推动实施绿色发展、实现跨越式发展，有着十分重要的意义。

为适应高职高专教育教学改革发展需要，湖北生态工程职业技术学院组织编写了本教材。本教材内容紧扣林业技术专业人才培养目标，秉承可持续森林经营理念，坚持以能力培养为主线，注重强化实践技能培养，以适应当代森林经营岗位的要求。

本教材由唐志强、杨繁任主编，吴东、白琳任副主编。具体编写分工如下：第一部分单元1、单元2由白琳编写；第一部分单元3，第四部分单元6，第五部分单元1由杨繁编写；第一部分单元4由王尹涛编写；第二部分单元1、单元2，附录由佘远国编写；第二部分单元3，第四部分单元5由章承林编写；第二部分单元4、单元5由周鸣惊编写；第二部分单元6至单元8由李秀梅编写；第二部分单元9至单元11由来羽编写；第三部分单元1，第四部分单元1由唐志强编写；第三部分单元2由周火明编写；第三部分单元3由祁雄辉编写；第四部分单元2，第五部分单元2由吴东编写；第四部分单元3、单元4由袁率编写；第五部分单元3由赵玉清编写；姚敏敏负责图片绘制。全书由唐志强统稿。

本教材的编写得到了湖北省林业局外资造林项目办公室郭熙龙主任、德国专家胡伯特·福斯特的关心和指导，参考引用相关学者、专家的文献和资料，在此一并表示感谢！

由于编者水平有限，错误和疏漏之处在所难免，欢迎不吝赐教，以便今后进一步修订完善。

编　者
2020 年 5 月

目　录

第一部分　森林概述

单元 1　森林的作用及其可持续性

森林的功能和作用是多方面的。在营造人工林时，森林预期发挥的功能和作用将影响人对其的设计。这些功能和作用由造林者提前规划，并受到生态、经济、法律和社会因素的制约。为了正确且持续地经营和保护各类林分，了解森林的功能组合及其经营的可持续性至关重要。

1.1　简　介

1.1.1　森林的定义

俄国林学家 G. F. 莫罗佐夫 1903 年提出，森林是林木、伴生植物、动物及其环境的综合体。森林群落学、植物学、植被学将森林称为森林植物群落，生态学将森林称为森林生态系统。在林业建设上森林具有生态、经济和社会三大效益。

联合国粮食及农业组织（FAO）将森林定义为，面积在 0.5hm² 以上、树木高于 5m、林冠覆盖率超过 10%，或树木在原生境能够达到这一阈值的土地。在我国，森林指以乔木主体所组成的具有一定面积、郁闭度达到 0.2 以上的地表木本植物群落。

1.1.2　森林的作用

森林是陆地生态系统的主体，是全球生物圈中重要的一环。它是地球上的基因库、碳贮库、蓄水库和能源库，在保持水土、调节气候、净化空气、防风固沙、降低噪声、固氮释氧、涵养水源、保护生物多样性等方面具有重要作用，对维系地球的生态平衡起着至关重要的作用，是人类赖以生存和发展的资源和环境。

森林在国家生态安全和人类经济社会可持续发展中发挥基础性、战略性地位与作用。总的说来，森林具有物质生产功能、生态防护功能和社会公益功能。

（1）物质生产功能

森林生态系统是具有物质流、能量流和信息流的自组织反馈系统，物质生产功能是其基本特征。森林是陆地生态系统的主体，具有最高生物生产力，对维持地球上的生命起着重要作用。地球上全部森林每年的净生物生产量达 700 亿 t，占全部陆生植物净生物生产量的 65%，能向人类提供大量林、副产品。目前全世界木材的年产量达 30.5 亿 m^3，其中工业用材占 47.7%。中国年均森林资源消耗量 2.97 亿~3.2 亿 m^3。森林还为广大农村提供了燃料，全世界有将近一半人口以木材、作物秸秆或干畜粪作燃料；中国农村每年消耗生物质能约 4 亿 t，其中 65% 为薪材。木材、木块、木屑可以生产胶合板、刨花板、纤维板等多种人造板；还可以从树木中提取甲醇、乙醇、糠醛、活性炭以及松香、栲胶等工业原料。此外，森林还可提供大量动物、植物性副产品和药材等。

（2）生态防护功能

①涵养水源　林木能增加土壤的粗孔隙率，截留天然降水，从而使森林具有调节径流的作用，即洪水期能蓄积水流，枯水期又能释放出来。

②防风固沙　荒漠化是当今世界上的一大灾难，防风固沙的有效措施之一就是植树造林。目前中国各地营造的防护林正在所在区域起着防风固沙和改善生态环境的巨大作用。

③保持水土　枝叶和树干的截留，以及枯枝落叶与森林土壤巨大的持水能力和庞大根系的固土作用，可大大减少水土流失量。

④调节气候，改善农业生产条件　森林对一定范围内的区域性气候具有调节作用，特别是农田林网和防风林带对改善农田小气候效果显著。森林可以降低风速，调节温度，提高空气和土壤湿度，减少地表的蒸发量和作物的蒸腾量，防止干热风、冰雹、霜冻等灾害。

（3）社会公益功能

①森林能净化空气，防止环境污染，美化环境　林木具有吸收二氧化碳、放出氧气的作用。地球上的绿色植物每年通过光合作用吸收二氧化碳约 2000 亿 t，其中森林占 70%；空气中 60% 的氧气是由森林植物产生的。森林可吸收空气中的有毒气体，如 1kg 柳杉树叶（干重）每月可吸收 3g 二氧化硫。森林是天然的吸尘器，全世界每年排入空气中的灰尘约 1 亿 t，而 1hm^2 松林每年可吸附灰尘 36t、云杉林吸附 32t、栎林吸附 68t。

②森林具有杀菌、降低噪声等卫生保健功能　1hm^2 松柏林一昼夜可分泌抗生素 30g，可杀死空气中白喉、肺结核、伤寒、痢疾等多种病原菌；40m 宽的林带能降低噪声 10~15dB，成片的树林则可降低 26~45dB。

③森林具有休闲、文化教育等功能　森林的绿色使人们感到舒适、愉快，再加上美丽的林野风光和情趣，为人们疗养、休闲、旅游提供了幽静、浪漫而富有诗情画意的场所。森林中丰富的物种资源和自然环境，给人们以高层次的文化享受。森林是人类了解自然、探索自然的知识宝库。

1.1.3　森林的可持续性

森林有"地球之肺"之称，这是因为森林能吸收大量二氧化碳，制造人类和其他生物所需的氧气，是地球的天然氧吧。与此同时，它还能调节气候并提供人类生产和生活所必需的各种资源。因此，森林资源是自然资源的重要组成部分，具有极高的自然价值。但森林资源不是无穷无尽的，对森林资源的利用是随着人类社会生产的发展而不断变化的。为了使森林能够持久生产，在为后代保存资源的同时满足生产不断发展的需求，必须协调人类与森林的关系，合理经营森林，实现森林资源的可持续利用。

森林可持续性是指森林生态系统（即林地本身）的生产潜力以及森林的生物多样性不会随着时间的推移呈现下降的趋势。

森林可持续经营是指森林经营过程中，通过现实和潜在森林生态系统的科学管理，合理经营，维持森林生态系统的健康和活力，维护生物多样性及其生态过程，以此来满足社会经济发展对森林产品及其环境服务功能的需求，促进人口、资源、环境与社会、经济的持续协调发展。

森林可持续经营能够通过合理的经营方式来有效地维护森林生态系统的生物多样性、健康活力，具有保持水土、碳减排、流域治理、荒漠化防治等多种生态功能，还能保障农业、牧业、渔业、旅游、交通等产业发展，提高区域防灾减灾能力。因此，森林可持续经营是实现生态林业、民生林业的关键，是建设生态文明的基础，保持和增进森林生态系统健康对实现经济社会可持续发展具有重要意义。

1.2　技术指南

1.2.1　法律框架

《中华人民共和国森林法》（以下简称《森林法》）将森林分成以下 5 类：

①防护林　以防护为主要目的的森林、林木和灌木丛，包括水源涵养林，水土保持林，防风固沙林，农田、牧场防护林，护岸林，护路林。

②用材林　以生产木材为主要目的的森林和林木，包括生产竹材为主要目的的竹林。

③经济林　以生产果品、食用油料、饮料、调料、工业原料和药材等为主要目的的林木。

④能源林　以生产燃料为主要目的的林木。

⑤特种用途林　以国防、环境保护、科学实验等为主要目的的森林和林木，包括国防林、实验林、母树林、环境保护林、风景林、名胜古迹和革命纪念地的林木、自然保护区的森林。

上述 5 类森林具有保护、生产、辅助和特殊功能。森林功能有主次之分，因此，在经营管理时想要引进最优的管理方法，需要考虑各方面因素。

1.2.2　森林的主要功能

（1）保护功能

森林的保护功能包括土地利用管理、水土保持方面，还可以对土地修复和微气候改善作出贡献。防护林是为实现上述功能而特别设计的。对于防护林来说，最重要的就是形成大量的深根体系，达到一定的冠幅并尽快郁闭。林分的最终目标是永久的森林覆盖。

防护林并不是完全不能利用，但管理应更严格，以确保发挥林分的保护作用。它保护和维持被全面利用的用材林及林冠覆盖，以及几乎完全被保护但只允许极少利用的情况（即只能采集非木材产品）。在极端情况下，甚至有必要禁止任何形式的利用，以避免进一步的损坏或灾害。

良好的技术和管理理论是合理经营管理防护林的前提条件。特殊的防护功能，如防浪林需要专门的设计和管理，要建立在对生态和社会环境充分了解的基础上。

（2）生产功能

商品林（用材林、经济林、能源林）的目的是生产产品，特别是木材和薪炭材，也包括饲料及其他产品，这些林分同时还具有保护功能。管理并不是集中精力最大限度地发挥保护作用，而是力求达到最优的可持续性管理。如有些私有林和商品林仅按照获得收入来设计，只要能够保证可持续性且不给生态带来负面影响，该土地利用方案就可被视为是正确且有益的。

（3）辅助功能

大多数中德合作造林项目都不只属于一种功能类型，其造林设计既考虑防护又考虑生产，不提倡纯林（特别是外来树种）。即使封山育林，只要不对其目标构成威胁，在立地条件恢复的不同阶段，也允许一定程度的利用。

《中国森林可持续经营指南》指出，森林可持续经营以一定的方式和强度管理、利用森林和林地，有效维持其生物多样性、生产力、更新能力、活力，确保在现在、将来都能在经营单位、区域、国际和全球水平上发挥森林的生态、经济和社会综合效益，同时对其他生态系统不造成危害。

（4）特殊功能

部分森林具备特殊功能，例如，对于大学及科研机构，培训和研究是其管理的主要目标，因而成为森林的主要功能。特殊功能还包括在都市周围的娱乐地区、军事训练设施，以及其他相关人士或其他重要使用群体确定的非典型功能。这些特殊功能及其管理本教材不再涉及，但应了解每片林地都有其特殊的功能组合。

森林可持续经营的目的是保护、维持和增强森林生态系统的各种功能，通过发展具有环境、社会或经济价值的物种，长期满足人类日益增长的物质和环境需要。

1.2.3　影响管理决策的因素

①防护林或用材林的营造成本高且见效慢。通常造林地是陡坡且已退化的土地，在上面植树造林十分困难，劳动条件十分艰苦，要经过许多年才能初见成效。在这种情况下，很难激励大家参与。

②造林在许多方面可以为造林者带来生态效益，如水资源供给及薪炭材、木材、药材等。

③为了将利用控制在可接受的程度，对所有潜在开发性利用做出明确规定是至关重要的。对具体某种利用的承载力分析，能解释利用达到何种程度才能确保森林可持续性。

④为周边人们带来的直接效益的程度和时间会影响管理决策。如有必要，还应考虑其对全球及社会的价值，如影响气候或下游免受洪灾，应为其制订一个激励或补偿计划。

总的来说，造林活动是十分有意义的，特别是那些中德合作造林项目，但许多收益并不是体现在经济方面，而是在生态及环境方面，并且有益于子孙后代。

1.3 教学指南

1.3.1 教学方法说明

本教学应该在将要营造森林的地区开展。首先实地考察水土流失和其他形式的土地退化。如有可能，将其与生态稳定的区域(如附近的天然林)做对照，得出实地观察结果，然后开展小组讨论并对情况进行分析。

在小组会议前进行授课。授课应尽量采用灵活、简洁的形式。参与者进入讨论的主题，选择适宜的材料(如近期或有关 1998 年洪灾的剪报等，还包括荒山和对下游区域造成影响的图片等)。向参与者提问，将以下问题与他们的实际情况相联系。

问题 1：你所在的区域是否也有类似的退化区域？

问题 2：为什么类似情况会带来这些问题？

问题 3：应采取什么行动？

这样大家就将保护和生产与木材的生产功能相联系。让大家列举出森林提供的产品和服务，并将它们在张贴板上进行分组。

尽可能多地描述森林的功能，并鼓励大家讨论无形功能(如景观价值等)。在强调林业核心目标的基础上，所列举的领域越多越好。

先进行功能的优先级排序，允许存在不同的排列顺序。然后讨论通过某种主要和次要功能的管理会得到什么产品；在果树(经济林)、用材林和封山育林中，会得到哪些收益，如获得什么样的非木质林产品等。最后达成共识，即所有的森林功能没有一个单一(或全部适用)的蓝图，需要采取不同的管理方式，实现林地最佳土地利用。

根据上述教学，结合技术知识，在因地制宜的原则下，系统认识森林经营管理形式，为理解造林设计等环节打下良好基础。

1.3.2 教学练习总结

简介：本教学旨在对村内及一般情况下的森林作用和功能达成共识。这将有助于对造林群体、利益及潜力等方面开展讨论，并为有效地解决纠纷提供参考	目标：了解森林的不同作用和功能；引导参与者结合知识分析其自身处境以及森林经营的结果	步骤：情况介绍；进入实地找出讨论的问题；进行小组讨论；对功能进行排序，对森林经营达成共识	培训对象：决策者、村民
培训教师：林业推广员	地点：实地考察、会议室	时间：约 0.5d	培训人数：10~20 人

1.3.3　教学过程设计

时间	目的	内容及程序	材料
10min	布置场地、人员准备	与学生见面；自我介绍；学生互相介绍；互相了解身份；解释培训方案及时间；明确开设本培训的目的，介绍培训目标	无
1h	活跃气氛	进入实地，评价村庄和森林的状况；向学员展示防护林和农田的对比状况；讨论森林退化造成洪灾或其他灾害的相关资料	相关材料
45min	收集分析结果	对森林的功能开展自由讨论；活跃讨论气氛	
1h	理论培训、排序、讨论	如果需要，根据技术说明的框架，讲述森林的功能，让参与者总结，并将主要功能进行排序；讨论经营者管理对森林不同功能的有益影响	卡片、笔、大头针及黑板
1h	当地的森林功能及其影响	对示例村庄的森林功能及其目标及经营方式达成共识	
10min	总结	发放材料，讨论材料内容并总结其意义	培训材料

○ 思考题

1. 简述森林的地位和作用。
2. 简述森林的可持续性。
3. 简述森林的主要功能。

○ 推荐阅读

1. 中华人民共和国森林法(2019 年修订).
2. 推进生态文明建设规划纲要(2013—2020 年).
3. 森林经理学的研究方法与实践，张会儒，中国林业出版社，2018.

单元 2　森林发育阶段

　　林木群体是由林木个体组成的，林木群体的生长发育与林木个体生长发育有密切关系。由于林木群体是复杂生态系统的组分，其生长发育不仅与林木个体自身的遗传及生理生态特性有关，还与林木群体结构及其生物和非生物环境有很大关系。森林从发生到衰老的整个发育周期，要经过不同阶段，每个阶段都有不同特点，了解这些特点，有助于在不同森林发育阶段采取相应的经营措施，对于森林可持续经营有十分重要的意义。

2.1　简介

　　一般根据林分的生长发育变化、林木相互之间的关系、林分和环境之间的关系，将森林的发育过程划分为以下几个时期(图 1-2-1)。

幼龄林阶段（幼苗）　　　　　幼龄林阶段（幼树）　　　　　壮龄林阶段

中龄林阶段　　　　　　　　近熟林阶段　　　　　　　　成熟林阶段

图 1-2-1　森林发育阶段

（1）森林的形成时期

幼龄林为最幼小的林分，是森林生长发育的幼年阶段，通常指一龄级的林分。天然林中常混生较多杂灌木，影响林木生长，是森林最不稳定的时期。此阶段，幼树扎根生长，地上部分开始时生长很慢，郁闭后迅速加快。无论是天然林还是人工林的幼龄林，都要加强松土、除草和割灌等抚育管理工作。

（2）森林的速生时期

这一时期林木的叶量较多，树高生长较迅速，直径生长较慢，开花结实较少，林木间争夺生长空间的竞争比较激烈，天然整枝、林木分化和自然稀疏都很强烈，及时进行疏伐调整林分密度是本时期的重要经营措施。

（3）森林的成长时期

林木的高生长逐渐稳定，直径生长显著加快，结实量渐多，对光照的需要量增大。林木自然稀疏仍在进行，但林分已比较稳定，定期进行抚育间伐是本时期的主要经营措施。

（4）森林的近熟时期

近熟林是指生长速率下降，接近成熟利用的森林。此时林木大量开花结实，林冠中出现的空隙显著增多，林内更新幼树的数量逐渐增加。为了培育大径材，本时期应进行强度较大的间伐。

（5）森林的成熟时期

成熟林是指林木已完全成熟，可以采伐利用的森林。此时林木生长非常缓慢，尤其是树高生长极不明显，林木大量开花结实，林下天然更新幼树逐渐增多。本时期应及时采伐更新。

（6）森林的过熟时期

该时期林木衰老，树高生长几乎停止，病腐木、风倒木大量增加，自然枯损量逐渐增多。林木蓄积量随年龄的增长而下降，防护作用有所减弱，本时期应迅速采伐更新。

2.2 技术指南

2.2.1 龄级与龄组划分

（1）龄级与龄组

龄级期限是指每一龄级所包括的年数，是林木年龄的量化尺度，反映林分生长速率。一般受树种生物学特性、立地条件、经营水平影响，常用的有20年、10年、5年、2年和1年。

龄级是指树木或林分按年龄进行的分级，即根据森林经营要求及树种生物学特性，按龄级期限作为间距划分的若干个级别。龄级代码一般采用罗马数字表示，数字越大，表示龄级越高、年龄越大。

龄组是指根据林木生长发育阶段和经营目的，对林分龄级进行的分组。龄组符号为Ag。乔木林分为幼龄林、中龄林、近熟林、成熟林和过熟林5个龄组，各龄组代码分别为Ag1、Ag2、Ag3、Ag4、Ag5。

乔木林的龄级与龄组根据优势树种（组）的平均年龄确定。各树种（组）的龄级期限和龄组的划分标准见表1-2-1至表1-2-3所列。

表1-2-1 生态公益林优势树种（组）龄组划分

树种	起源	龄组划分（年）					龄级划分
		幼龄林	中龄林	近熟林	成熟林	过熟林	
云杉、柏木、铁杉	天然	≤40	41~80	81~100	101~140	≥141	20
	人工	≤40	41~60	61~80	81~100	≥101	20
冷杉、樟子松、黑松	天然	≤40	41~80	81~100	101~140	≥141	20
	人工	≤20	21~40	41~50	51~70	≥71	10
落叶松、马尾松、华山松、油松	天然	≤20	21~40	41~50	51~70	≥71	10
	人工	≤20	21~30	31~40	41~60	≥61	10
杨、柳、桉、檫、泡桐、楝、枫杨等软阔	天然	≤15	16~20	21~30	31~40	≥41	5
	人工	≤10	11~15	16~20	21~30	≥31	5
桦、榆、木荷、枫香、珙桐	天然	≤30	31~50	51~60	61~80	≥81	10
	人工	≤20	21~30	31~40	41~60	≥61	10
栎、柞、槠、栲、樟、楠、椴等硬阔	天然	≤40	41~80	81~100	101~140	≥141	20
	人工	≤30	31~50	51~60	61~70	≥71	10
杉木、柳杉、水杉、池杉	天然	≤15	16~25	26~30	31~40	≥41	5
	人工	≤15	16~25	26~30	31~40	≥41	5

表1-2-2 商品林优势树种(组)龄组划分

树种	起源	龄组划分(年)					龄级划分
		幼龄林	中龄林	近熟林	成熟林	过熟林	
云杉、柏木、铁杉	天然	≤40	41~60	61~80	81~120	≥121	20
	人工	≤20	21~40	41~60	61~80	≥81	20
冷杉、樟子松、黑松	天然	≤40	41~60	61~80	81~120	≥121	20
	人工	≤20	21~30	31~40	41~60	≥61	10
落叶松、马尾松、华山松、油松	天然	≤20	21~30	31~40	41~60	≥61	10
	人工	≤10	11~20	21~30	31~50	≥51	10
杨、柳、桉、檫、泡桐、楝、枫杨等软阔	天然	≤10	11~15	16~20	21~30	≥31	5
	人工	≤5	6~10	11~15	16~25	≥26	5
桦、榆、木荷、枫香、珙桐	天然	≤20	21~40	41~50	51~70	≥71	10
	人工	≤10	11~20	21~30	31~50	≥51	10
栎、柞、槠、栲、樟、楠、椴等硬阔	天然	≤40	41~60	61~80	81~120	≥121	20
	人工	≤20	21~40	41~50	51~70	≥71	10
杉木、柳杉、水杉、池杉	人工	≤10	11~20	21~25	26~35	≥36	5
意杨	人工	1~3	4~9	10~12	13~15	≥16	3

表1-2-3 短轮伐期用材林树种龄组划分表

树种	起源	龄组划分(年)					龄级划分
		幼龄林	中龄林	近熟林	成熟林	过熟林	
落叶松、马尾松	人工	≤10	11~15	16~20	21~30	≥31	5
火炬松、湿地松	人工	≤5	6~10	11~15	16~25	≥26	5
意杨	人工	≤2	3~4	5~6	7~10	≥11	2

（2）竹龄级

竹林的龄级按竹度确定。一个大小年的周期一般为2年，称为一度。一度为幼龄竹，二、三度为壮龄竹，四度以上为老龄竹(表1-2-4)。

表1-2-4 毛竹度数划分

龄级	幼龄竹	壮龄竹		老龄竹		
度数(度)	I	II	III	IV	V	VI
年龄(年)	1	2~3	4~5	6~7	8~9	10~11

（3）生产期

经济林划分为产前期、初产期、盛产期和衰产期4个生产期。具体划分标准见表1-2-5所列。

表 1-2-5　经济林主要树种生产期划分　　　　　　　　年

名称	产前期	初产期	盛产期	衰退期	名称	产前期	初产期	盛产期	衰退期
1. 果树类					山苍子	≤2	3~5	6~20	≥21
柑橘类	≤3	4~10	11~20	≥21	3. 药材类				
苹果	≤4	5~7	8~40	≥41	杜仲	≤3	4~6	7~20	≥21
梨	≤5	6~8	9~50	≥51	厚朴	≤3	4~6	7~20	≥21
桃	≤3	4~5	6~30	≥31	银杏	≤5	6~10	11~100	≥101
李	≤4	5~8	9~40	≥41	黄檗	≤3	4~8	9~20	≥21
杏	≤3	4~10	11~50	≥51	枸杞	≤2	3~5	6~10	≥11
枣	≤3	4~5	6~50	≥51	4. 林化工业原料类				
山楂	≤2	3~8	9~30	≥31	漆树	≤3	4~7	8~20	≥21
柿	≤5	6~8	9~50	≥51	黄连木	≤4	5~8	9~50	≥51
核桃	≤4	5~10	11~50	≥51	油桐	≤3	4~5	6~20	≥21
板栗	≤3	4~8	9~50	≥51	乌桕	≤3	4~6	7~25	≥26
葡萄	≤3	4~5	6~10	≥11	棕榈	≤2	3~5	6~15	≥16
2. 食用原料类					白蜡树	≤2	3~6	7~20	≥21
油茶	≤2	3~6	7~30	≥31	栓皮栎	≤20	21~40	41~70	≥71
油橄榄	≤3	4~7	8~30	≥31	光皮树	≤5	6~8	9~30	≥31
茶	≤2	3~5	6~20	≥21	毛梾	≤5	6~8	9~30	≥31
花椒	≤3	4~7	8~25	≥26	无患子	≤3	4~8	9~20	≥21
八角	≤4	5~7	8~50	≥51	5. 其他经济类				
肉桂	≤3	4~6	7~50	≥51	桑	≤2	3~5	6~50	≥51
桂花	≤3	4~7	8~25	≥26	柞树	≤2	3~5	6~20	≥21

2.2.2　龄组划分方法

（1）龄组阶段的划分

龄组阶段按以下步骤确定：

①确定主伐（或更新采伐）龄级　即依据主伐年龄（或更新采伐年龄）和龄级期限，确定主伐年龄（或更新采伐年龄）所在的龄级，可查表确定。

例如，一般用材天然红松林主伐年龄为 121 年，龄级期限为 20 年，则主伐龄级 Am＝（121－1）÷20＋1＝7，即在第Ⅶ龄级。

②确定成熟林　成熟林龄组固定为 2 个龄级期限，据此确定成熟林龄组范围，即主伐年龄（或更新采伐年龄）所在龄级及高一龄级，划分为成熟林。

③确定过熟林　即高于成熟林龄级，划分为过熟林。

④确定近熟林　近熟林龄组固定为 1 个龄级期限，即比成熟林低一龄级，划分为近熟林。

⑤确定中龄林和幼龄林　即在近熟林以下，如龄级数量为奇数，则幼龄林比中龄林多一龄级；否则，幼龄林与中龄林平分龄级数。中龄林龄组一般包括 1~2 个龄级期限，幼龄林龄组一般包括 1~3 个龄级期限。

（2）树木生长锥的使用（图 1-2-2）

①安装

a. 拧开蓝色手柄一端的螺帽，将钻孔器（镗口）及抽芯器取出。由于手柄内部有螺纹，所以抽出钻孔器时尽量不要让钻孔器触碰手柄里的螺纹，否则容易划伤钻孔器表面，影响使用。

b. 打蓝色手柄中间的机械锁（卡扣），将钻头插入锁中，与锁一起固定。

图 1-2-2　生长锥

②使用

a. 生长锥安装好后，将钻头以 90°角按在树干上。转动手柄，使钻孔器钻入树干，同时转动手柄。转动手柄时保持角度，避免钻孔时过于用力。如果树木比较硬或者比较干，建议先使用电钻穿入一定深度，再使用生长锥。

b. 当钻孔器穿入树干 2~4cm 时，停止用力推送，而是以张开的手掌简单地画圆转动手柄，直到钻孔器抵达需要的深度。钻孔深度通常深入树干中心。在整个钻孔过程中，保持钻头与树干垂直。

c. 当生长锥抵达需要的深度时，停止转动手柄，从钻孔器后面的孔将抽芯器插进去（抽芯器"V"字形槽一定要朝上），尽可能将抽芯器插到同钻孔器一样深度。将抽芯器推入钻孔中后，将手柄反转半圈或者一圈，扭断树芯或者让树芯松动。

d. 扭断树芯后，小心取出抽芯器，此时树芯被抽芯器的齿端紧紧固定。建议在检查树芯之后，再将它还原插入树中，以促进树木自愈，防止病虫害对敏感树种的影响。取出树木样芯后，反转生长锥，将生长锥从树干中取出。

（3）资料法和访谈法

查找造林作业设计说明书或询问当地相关人士，了解森林所处的发育具体阶段。

2.3　教学指南

2.3.1　教学方法说明

本培训是在开展造林后，抚育、森林抚育间伐等林业生产活动之前进行，通过让学生了解不同森林发育阶段的特点，采取有针对性的可持续经营措施，进而提升森林质量。教学以示例形式进行展开。

假定教学对象是某国有林场招聘的大学生，林场今年开展中央财政森林抚育补贴项目，林场要求学生提供林场的杉木纯林抚育方案，同时对该林场的油茶基地进行抚育。

（1）理论教学

通过图片展示杉木纯林不同发育阶段的个体和群体的特点，讲解杉木不同发育阶段所处的时间年限，以用材林为例讲解龄组划分的方法。

（2）现场教学

带领学生到林场，首先使其对林场的植物分布有整体印象，然后提出以下问题：

问题1：分析杉木纯林所处的发育阶段。

问题2：分析挂果油茶林所处的发育阶段。

（3）分组调查

①试用生长锥法测定树木的年龄。

②试以资料法及访谈法分析树木年龄。

2.3.2　教学练习总结

简介：本教学旨在对森林发育阶段的特点形成共识。它将有助于在今后生产经营活动中采取相应的技术措施	目标：通过培训，帮助参与者利用相关知识分析森林各发育阶段的特点，采取积极措施进行森林经营	步骤：理论讲授，现场学习及讨论，分组练习及调查	培训对象：决策者、村民
培训教师：林业推广员	地点：实地考察、会议室	时间：约0.5d	培训人数：10~20人

2.3.3　教学过程设计

时间	目的	内容及程序	材料
10min	布置场地、人员准备	与学生见面；自我介绍；学生互相介绍；互相了解身份；解释该单元培训方案及时间；明确开设本培训的目的，介绍培训目标	无
1h	理论讲解	向学员展示杉木不同生长阶段的图片；讲解用材林龄组划分的方法	演示文稿及简报
2h	现场观摩及教学、讨论、操作	带领学生到林场中观摩苗圃、经济林基地等，通过观察和对比，示范生长锥的使用方法，学生进行现场操作，掌握森林发育不同阶段的特点；向学生提出问题，分析此阶段需要采取何种经营措施	生长锥、记录卡片
1h	总结	学生总结森林发育阶段的特点，并进行龄组划分；教师进行总结，解答学生疑问	

○ 思考题

1. 试述龄级、龄组、竹度的概念。
2. 试述森林各发育阶段的特点。
3. 试述如何划分龄组。

○ 推荐阅读

1. 森林培育学(第3版)，翟明普、沈国舫，中国林业出版社，2016.
2. 主要树种龄级与龄组划分(LY/T 2908—2017).

单元 3　近自然林业

1713 年，德国人卡洛维茨首次提出"森林永续利用"理念。1898 年，德国林学家盖耶尔提出"近自然林业"理念。1989 年，我国学者邵青撰写有关近自然林业的技术路线，从此我国开始了近自然林业的实践和应用。近期，中德合作项目中的小农户造林项目，更是近自然林业在我国的实践和推广。

3.1　简介

3.1.1　德国与我国森林资源概况

盖耶尔认为，森林经营应回归自然，遵从自然法则，充分利用自然的综合生产力，使地区群落的主要乡土树种得到充分表现，尽可能使林分经营过程同潜在的天然森林植被的生长发育接近，使林分生长能够接近自然状况，达到森林群落的动态平衡，并在人工辅助下维持林分健康。1989 年，德国将"近自然林业"确定为该国林业发展的基本原则，按照该理念经营森林，其每公顷平均森林蓄积量远高于我国，我国和德国的林业基本情况对比见表 1-3-1。

表 1-3-1　我国林业和德国林业情况对比

数据	中国	德国
面积(km^2)	约 9 600 000	约 357 208
人口数量(人)	约 140 000 000	约 82 000 000
森林面积($\times 10^6 hm^2$)	220 000	11.42
森林覆盖率(%)	22.96	32
总蓄积量($\times 10^9 m^3$)	17.560	3.663
平均蓄积量(m^3/hm^2)	89.79	336

3.1.2　近自然林业的特征

近自然林业是一种模仿自然、接近自然的森林经营模式，同时还是一种兼容林业生产和森林生态保护的经营模式，其立足于生态学的科学体系，从整体出发观察森林，视其为可持续的、多种多样的、生机勃勃的生态系统；是力求利用森林生态系统潜在的自然特性及其发生发展的自然过程，把生态与经济要求结合起来，实现合理保护和经营利用森林资源，保证立地和森林动态稳定的一种贴近自然的森林资源经营管理模式。

近自然林业要求经营森林时采用生态系统整体经营的途径；维持森林原有大环境，避免林木皆伐；采用以单株择伐为主的多种采伐方式；充分利用森林天然更新和天然整枝的自然过程，减少人为干扰；植被恢复时遵循适地适树原则，珍惜地力；放弃同龄林和纯林经营方式，采用复合异龄林经营方式；通过对森林结构的不断调整使其形成物种丰富的群落，达到接近自然状态的森林结构。近自然林业的基本特征可总结为异龄、混交、复层、单株抚育、择伐、天然更新。

3.2 技术指南

德国近自然林业经营技术主要包括：野外调查与数据处理、绘制群落生境图、划分森林演替发展阶段与近自然度评价、目标树单株经营抚育管理、森林发展类型设计、森林动态监测与评价 6 个方面。

3.2.1 野外调查与数据处理

野外调查与数据处理通常包括 5 个方面的内容：①立地条件调查；②天然植被调查；③林分设计；④样地调查；⑤森林生长动态监测系统样地调查。

3.2.2 绘制群落生境图

群落生境图本质上是指表达一定生物的生活空间类型的景观生态图。其绘制是在外业调查结果的基础上进行的，可以在地理信息系统技术的支持下，绘制示范区的立地环境、演替阶段、近自然度、经营抚育措施等各类经营要素。

3.2.3 划分森林演替阶段与近自然度评价

森林演替是指在一个地段上，一种林木被另一种林木代替进而出现一种森林被另一种森林替代的过程。从近自然林业经营的理论角度分析，在目前采伐和受严重自然因素干扰的林地上开始的森林演替过程划分为 4 个阶段较为合理：①林分发生和更新阶段；②林分生长和自然稀疏阶段；③林分转型和下层林更新阶段；④稳定森林群落阶段。

另外，还有一种近自然四阶段的划分方法，其实质相同，只是称谓不同，即森林组建阶段、质量生长阶段、竞争阶段和顶极群落阶段。

近自然度是指根据外业调查中记录具体地段上的不同植物群落的空间位置、物种组成、立地条件、演替阶段等因素进行的综合评定。目前，我国对近自然度的研究主要还是沿用德国的近自然度评价体系。近自然林业在我国的应用通常分为依次降低的 7 个等级：①顶极群落森林；②演替过渡森林；③先锋群落森林；④顶极或向顶极过渡森林混交有立地不适生的树种；⑤先锋群落森林混交有立地不适生的树种；⑥乡土树种在不适应立地造林群落；⑦外来树种造林群落。其中的某个阶段又可根据是否天然更新、人工造林或灌木林地等特征而划分为不同的次级类目。

3.2.4 目标树单株经营抚育管理

以单株木为林分作业对象的目标树经营抚育措施是近自然林业森林经营区别于其他森林经营最显著的特征。目标树经营体系要求对目标树进行分类标记和记录，所有抚育管理措施都以目标树为中心进行。目标树是指近自然森林中代表着主要的生态、经济和文化价值的少数优势单株林木。目标树单株经营设计的基本原则是理解和尊重自然，充分利用林地自身更新生长的潜力，实现生态和经济目标兼顾，最大限度降低森林经营的投入。目标树经营作业首先把所有林木分为用材目标树、生态目标树、干扰树和一般林木4种类型，然后对各类型的林木进行相应的抚育管理，最后使林分内的每株林木都有自己的功能和成熟利用时间，产生不同的生态、社会和经济效益。

（1）目标树选择

①选择目标树时间　不同林分、不同立地条件目标树的选择时间各不相同。针叶林、阔叶林和针阔叶混交林选择差别较大。针叶林选择时间较早，一般在树高达到树种终高的一半以上且胸径达8.0~10.0cm时开始选择目标树，阔叶林选择时间以自然整枝高度与冠高比接近1/2为宜，针阔叶混交林在树木高度达9.0~11.0m、林木生长竞争开始出现明显分化时选择目标树。

②选择目标树条件　选择目标树是一个复杂的过程，要坚持宁缺毋滥的原则，目标树个体选择要遵循以下原则：第一，"两远看"。观察分析干形是否通直，树冠是否紧实圆满。第二，"三近看"。观察分析林木是否实生；主干特别是近地面主干部分是否有机械损伤，生长力是否旺盛，有无病虫害。第三，"四优先"。优先原则包括珍贵树种优先，乡土树种优先，针叶纯林中阔叶树种优先和混交林中比例小的树种优先。

以下特殊情况需注意：第一，如果主干10m及以上处生长有双枝头，若两个枝条呈"V"字形，则不建议作为目标树；但是，两个树杈中有一个长势旺盛，另一个长势偏弱，则可以作为目标树。第二，如果是阔叶树，还要观察分析是否萌生，如果多代萌生，一般不作为目标树。

③确定目标树空间距离与数量　根据不同林分、立地条件及树种的生长特性，确定目标树的目标胸径及目标树数量。相邻目标树之间的距离确定：针叶树的距离通常不小于目标树胸径20倍；阔叶树的距离通常不小于目标树胸径25倍。目标树数量确定：在距离的基础上推算出每公顷的目标树数量，例如，油松目标树胸径为50cm，那么相邻目标树之间距离为10m，每公顷目标树通常为100棵。

④目标树选择实际应用　目标林分中如果同时具有若干目的树种，目标树选择的原则应以所有目的树种综合价值由高到低排序，当两株不同目的树种的单株都可以选择时，价值高者先入选。

（2）目标树经营

确定目标树后，需要对其采取一定的经营措施。首先，对选择的目标树及干扰树进行标记，例如，目标树可选用暖色系标记（如红色），干扰树可选用冷色系标记（如蓝色）；其次，伐除与目标树竞争空间、光照、肥力的干扰树。

干扰树是指对目标树生长直接产生不利影响或显著影响林分卫生条件以及需要抚育采伐的林木。干扰树的选择一般以影响目标树生长为目标，简单有效的方法是观察分析树冠是否交叉，如果存在交叉就是干扰树，否则不是。要注意并非所有具有交叉的树木都是干扰树，如果一个目标树的树枝水平生长，说明干扰树对目标树的生长影响不显著；如果目标树侧枝细弱，主干直径小，则说明干扰树对目标树的生长影响较大，需要对干扰树进行伐除。通常，阔叶林及针阔叶混交林中的阔叶树落叶后为观察干扰树的最佳时机。

另外，在有坡度的山坡作业时，基本不选择下方树作为干扰树，因为下方树通常对上方树影响较小，有时候甚至可以忽略。上方树如果与目标树的树冠有交叉，则需要进行伐除。通常情况下，目标树树冠下的小树不进行伐除，原因在于：一是可以保护生态；二是对目标树有促进自然整枝的作用。

在一个经理期内，首先，与目标树同一高度的干扰树树冠与目标树树冠交错，挤压其生长空间，影响其生长速率，必须伐除，为目标树释放生长空间。其次，树冠没有影响目标树但在未来可能与目标树树冠相交的，可作为辅助树保留。辅助树又称生态目标树，是有利于改善林分树种结构和空间结构、提高生物多样性、保护珍稀濒危物种、保护和改良土壤功能的林木，如阔叶林中的针叶树或针叶林中的阔叶树。第三，选择性地伐除影响目标树的霸王树，这部分林木树冠位于目标树树冠上方，影响光照等。第四，伐除目标树下生长价值较小的小老树、无头树等，进而使目标树获得更多的水肥。对影响目标树生长的藤木必须清除，周围灌木可结合当地实际，综合考虑防止水土流失、促进天然更新、保护生物多样性等原则，只需拆除或割除目标树周边影响目标树生长及施工作业的灌木。

目标树抚育过程中，只针对目标树进行修枝。作业中应注意：

①修枝工具　建议使用手工锯或专业修枝工具，不建议使用油锯甚至是斧头，以减少对目标树的伤害。作业时，树干上的枯死枝也要进行整枝，否则将来会影响木材材质。

②修枝角度　作业时，要优先选择侧枝与主干夹角小的枝条进行整枝。

③修枝高度　阔叶树树高为目标树树高的1/2，针叶树树高为目标树树高的1/3。

④其他注意事项　在伐除干扰树时，其倒向应远离目标树树冠方向，避免对目标树造成伤害。作业过程中，一定要注意保护珍稀濒危树木及林内天然更新有生长潜力的幼树、幼苗。

在抚育过程中应结合现行抚育采伐控制指标，抚育采伐的蓄积强度控制在20%以内；定株抚育的林分，株数采伐强度一次不超过35%。抚育后，不能造成林窗和林中空地。

3.2.5　森林发展类型设计

森林发展类型是基于群落生境类型、潜在天然森林植被及其演替进程、森林培育经济需求和技术等多因子综合制定的一种目标森林培育导向模式，其核心思想是实现自然的自身能力和人类需求的最优结合。森林发展类型设计需要以长期详细的林分调查资料为基础，根据具体森林群落的演替方向和用材需求制订与森林发展相适应的发展计划和抚育措施，并保持对林分的不间断监测，以便根据经营目标调整近自然经营抚育措施，实现林分的最优发展。

3.2.6　森林动态监测与评价

森林动态监测与评价是保证近自然经营目标实现的必要环节。森林生长的动态监测可以借助地理信息系统（GIS）和全球定位系统（GPS），准确、及时地监测数据能够及时掌握森林的发展情况和演替情况，以及与经营目标的差距和发展设计的偏差，及时调整经营措施，最大限度实现经营目标，避免造成森林生态环境的破坏和森林的人为退化。

3.3 教学指南

3.3.1 教学方法说明

教学的地点可选择国有林场等，时间可选择如德援森林经营项目开展森林经营活动时。

（1）理论讲授

将中国森林资源情况和德国森林资源情况进行对比，并将近自然林业经营方法与传统森林经营方法进行比较。教学重点讲解德国近自然林业的特征，以及目标树和干扰树的划分标准。

（2）现场教学

学生进入森林经营实训区或林场可持续经营示范区，尝试对森林层次进行划分；进入森林资源监测样地，并假定该林分正进行近自然经营，让学生尝试分析区分林分中的先锋群落、目标树和干扰树。

（3）分组练习

学生在培训场地进行目标树和干扰树的划分练习，并进行标记。

3.3.2 教学练习总结

简介：本教学旨在了解德国近自然林业的主要特点	目标：通过培训，帮助参与者利用此知识进行目标树和干扰树划分，能利用近自然林业理念开展森林经营	步骤：理论讲授，现场学习及讨论，分组练习	培训对象：决策者、村民
培训教师：林业推广员	地点：实地考察、会议室	时间：约0.5d	培训人数：10~20人

3.3.3 教学过程设计

时间	目的	内容及程序	材料
10min	布置场地人员准备	与学生见面；自我介绍；学生互相介绍；互相了解身份；解释该单元培训方案及时间；明确开设本培训的目的，介绍培训目标	无
1h	理论讲解	向学生展示我国和德国森林单位面积蓄积量的对比情况；讲解德国近自然林业的主要特点；介绍德国近自然林业的经营技术体系；讲解目标树和干扰树划分方法	演示文稿及简报
2h	现场观摩及教学、讨论、操作	带领学生到小农户造林项目基地现场，观察目标树和干扰树的主要特征，并对照的样地进行对比；向学生提出问题，目标树和干扰树如何划分；学生进行现场划分，培训教师进行现场答疑	样地 油漆 毛刷
1h	教学总结	学生总结德国近自然林业特点和目标树特点，答疑	

◎ **思考题**

1. 试述我国森林资源与德国森林资源相比有何特点。

2. 简述近自然林业的经营理念和特征。

3. 简述近自然林业经营技术体系。

4. 简述如何选择目标树，目标树如何进行抚育。

推荐阅读

1. 森林培育学(第3版)，翟明普、沈国舫，中国林业出版社，2016.

2. 近自然林业理念概述，许新桥，世界林业研究，2006(1).

3. 德国近自然林业经营与管理模式——赴德国林业考察报告，景彦勤，林文卫，邓鉴锋，广东林业科技，2006(3).

4. 近自然林业在我国的应用，杜永涛，中国水土保持科学，2010(1).

5. 近自然森林经营中的目标树作业法，崔鹏程，山西林业，2017(1).

单元4 森林分类经营

森林资源分类经营管理是一种分门别类的管理模式，是保护森林、利用森林的重要手段，其能够按照森林的多种主要功能将森林的经济效益、生态效益和社会效益全面发挥出来，且这种管理模式存在明确的特点和规律。森林分类经营管理是整个林业工作的基础和核心，是林业资源开发利用的关键内容。

4.1 简介

4.1.1 森林分类经营

森林分类经营的内涵仁者见仁、智者见智，但基本上大同小异。简言之，是指从社会对森林的生态和经济两大需求出发，根据森林用途以及生产者生产经营目的的不同，将森林资源划分为生态公益林和商品林，采取不同的经济投入政策和经营方针，分别按照各自的特点和规律进行经营管理的一种森林经营管理方法。

具体来讲，森林分类经营是根据生态环境建设的需要，把发挥生态效益和社会效益为主的部分森林划为公益林，按照事权划分的原则由各级财政投入和组织社会力量建设，实行事业管理、科学化经营，以追求最大的生态和社会效益为目标；把发挥经济效益为主的另一部分森林划为商品林，采取多种方式筹集资金，实行企业化管理、集约化经营，以追求最大的经济效益为目标。

4.1.2 森林分类经营的意义

森林分类经营的意义通常概括为以下4个方面：①是森林资源可持续利用的保障；②是高新科学技术和传统经营方式相结合，将林业发展成为知识密集型产业和事业的需要；③为森林资源产业化管理创造条件；④有利于促进森林资源的高效利用和林业产业化。

4.1.3 森林分类经营的常见问题

（1）人才建设问题

目前林业管理部门和生产单位森林经营人员状况极不适应工作需要，表现在各级林业行政管理部门的森林经营人才相对缺乏，国有林场人才结构不适应工作需要，森林经营一线人才严重短缺。

（2）管理力度问题

生产计划与工程规划不同步，资金计划与生产计划不挂钩，工程建设的年度投资计划执行不力。

（3）经营方式的合理性问题

突出木材利用，忽略生态林保护；强调经营的生物学技术，忽略社会经济和林业生态管理；偏重自然和生物方面，轻视事理和人理的互为依存关系；就林论林，没与其他部门、行业有机结合，未突破行业局限。

4.2 技术指南

森林经营分类和日常管理工作相比没有非常严格的体系或者标准，每个地区均以实际情况为依据，在相关国家法律政策框架内形成符合各自特点的分类方法。从现有的工作现状分析，主要是采用森林立地分类评价、生态区位相结合的方式进行分类。

4.2.1 林种的定义

生态公益林是指以满足生态防护、国防战备、保护和美化环境、科学试验等需求，发挥生态效益和社会效益为主要经营目的的森林，主要提供公益性产品或服务。

商品林是指以生产木材、燃料和其他林副产品，获取经济效益为主要经营目的的森林，主要提供能够进入市场流通的经济产品。

4.2.2 森林经营分类因子

森林经营分类需要在较短的时间内明确工作类型、确定工作目的、把握工作内容，而且在很多方面都有非常复杂的特点，所以在森林经营分类的过程中要充分把握关键的分类因子。

（1）森林立地分类因子

森林立地分类因子是最直观、最客观的，如降水、土壤种类、植被种类等，这些都是客观存在的，是通过实地考察获得的结论。

（2）生态区位因子

由于我国地形各异，不同区域森林环境差异较大，只有明确区位生态，才能避免一些工作障碍，如森林内是否有野生动物，是否为江河的源头，是否存在水土流失状况等，调查清楚相关内容，能够明确以后森林培育的方向及规模，有利于开展后续工作。

（3）社会经济因子

社会经济因子具有比较主观的因素，如人口总数、人口密度、木材需求量等。如果能够平衡这些因子，就能避免产生不良影响，协调森林经营与社会经营和谐发展。

4.2.3 森林经营分类原则

（1）经济相适应原则

森林多处于偏远地区，森林经营往往是该地区经济和产业的主要来源，对森林经营分类也是当地政府进行经济发展规划的重要内容。在森林经营中，无论是森林经营的体系，还是森林养护工作的持续进行，都需要与当地经济社会的发展情况相适应。

（2）社会性原则

由于林木生长周期较长，森林经营分类与森林的后期养护工作需要经年累积、持续不断地进行，仅靠某个人或某个部门的力量是远远不够的。林业部门主要发挥主导作用，每一个人都应该主动关注和参与进来，周边有条件的群众都应该参与到森林经营中来。地方政府可以通过新闻媒体等多种渠道加强宣传，从电视、报纸、网络等方面定期开展森林保护宣传活动。

（3）可持续性原则

可持续性原则是保证森林能够持续发挥其作用的重要前提。森林经营分类对各种资源的消耗是客观的，做好森林的持续发展无形中为社会节约大量的资源。

（4）分级负责原则

森林经营分类需要很多个部门进行配合才能顺利完成，部门之间与内部都要保证充分的信息交流，明确工作责任划分。另外，彻底贯彻落实分级负责的原则，使森林经营分类工作得到有效的规范和约束，如此一来，既可提升森林经营分类的质量，也可提高管理的效率。

4.2.4 我国森林经营分类方式

根据森林分类经营的需要，多数情况下森林分类系统一般实行三级林种划分，即2个一级林种，5个二级林种，23个三级林种（表1-4-1）。

表1-4-1 森林分类经营林种划分表

一级林种	二级林种	三级林种
生态公益林	特种用途林	自然保护区林
		环境保护林
		风景林
		国防林
		实验林
		母树林
		名胜古迹和革命纪念林

（续）

一级林种	二级林种	三级林种
生态公益林	防护林	水源涵养林
		水土保持林
		防风固沙林
		农田防护林
		护路林
		护岸林
		其他防护林
商品林	用材林	短轮伐期用材林
		速生丰产用材林
		一般用材林
	能源林	能源林
	经济林	果品林
		食用原料林
		药用林
		林化工业原料林
		其他经济林

根据《全国森林经营规划（2016—2050 年）》，结合林地保护条例、公益林区划分类方法，当前森林经营类型分为 3 种，一是严格保育的公益林；二是多功能经营的兼用林；三是集约经营的商品林。湖北省森林经营类型划分情况见表 1-4-2。

表 1-4-2　湖北省森林经营类型划分及面积比例

森林经营类型		经营对象	经营策略	面积比例（%）	
				现状	2050 年
严格保育的公益林		一级国家公益林	特殊保护，突出自然修复和抚育经营，严格控制生产性经营活动	5	10
多功能经营的兼用林	以生态服务为主要功能	除严格保育的公益林以外的国家级公益林和地方公益林林地	严格控制林地流失，强化抚育经营，突出增强生态功能，兼顾林产品生产功能	38	35
	以林产品生产为主要功能	一般商品林、国家和地方规划发展的木材战略储备基地	加强抚育经营，培育优质大径级高价值木材等林产品，兼顾生态服务功能	50	30
集约经营的商品林		速生丰产林、短轮伐期用材林、生物质能源林和部分特色经济林	开展集约经营，充分发挥林地潜力，提高产出率，同时考虑生态环境约束	7	25

4.2.5 注意事项

（1）最小面积的确定

森林分类经营的面积应依据实际情况调整，但必须服务于分类经营管理，既不能规定过大，导致分类过于粗放；也不能过小，导致小班数量过多，增加管理过程中不必要的工作量。

（2）生态公益林和商品林比例的确定

不同地区生态公益林和商品林所占比例不尽相同，需按照区划技术标准明确分类区划，然后统计两者各占多少比重，而非事先确定两者比例再进行区划。另外，在区划时必须避免人为干扰，尊重客观事实，以保证原始资料的准确性。

4.3 教学指南

4.3.1 教学方法说明

本教学通过示例分析森林经营类型的划分过程。

设定某县林业主管部门的专业技术人员，负责该县森林分类经营管理的有关工作。下面对其理论和实践层面的相关工作内容进行解析。

（1）理论学习

向学生讲解森林分类经营理论的发展过程，简述国内外前沿理论成果。通过理论讲解，详细阐述森林分类经营的定义和方法等知识，帮助学生理解森林分类经营的意义，讲解过程中穿插展示不同立地条件、生态环境条件、经济发展水平下的森林全貌等影像资料，引导学生对本单元内容产生兴趣，并要求学生讨论展示资料属于何种类型。

（2）实际操作

在黑板上描绘一个设想的范围，其中包含分布在不同地点的森林(含河流旁、水源地、保护区、城郊等)，且森林的起源、优势树种、郁闭度、蓄积量等因子各不相同，情况尽可能多样。将学生分为 4 组，各组独立完成森林分类工作，并推选代表展示分类结果，阐述分类理由。

（3）归纳总结

所有学生共同讨论每组分类的优缺点，并确定最为合理的分类结果。若各类分类均存在瑕疵，由教师进行补充和讲解，确定最终分类结果。

4.3.2 教学练习总结

简介：本教学旨在了解我国开展森林分类经营的意义	目标：通过培训，帮助参与者树立森林分类经营理念，了解如何进行森林类型划分及不同森林经营类型的经营策略	步骤：理论讲授，现场学习及讨论，分组练习	培训对象：决策者、村民
培训教师：林业推广员	地点：实地考察、会议室	时间：约 0.5d	培训人数：10~20 人

4.3.3 教学过程设计

时间	目的	内容及程序	材料
10min	布置场地 人员准备	与学生见面；自我介绍；学生互相介绍；互相了解身份；解释该单元培训方案及时间；明确开设本培训的目的，介绍培训目标	无
1h	理论讲解	从《全国森林经营规划(2016—2050年)》和《湖北省森林经营规划(2016—2050年)》引入知识，讲解森林分类经营的概念、类型、划分方法及经营策略	演示文稿及森林资源分布图
2h	现场观摩及 教学、讨论、操作	带领学生到林场或生态公益林进行现场观摩，学生根据森林资源分布图进行森林类型划分，并提出相应的经营策略	林场的森林资源分布图
1h	总结	总结我国森林经营主要类型、经营策略并进行交流	无

○ 思考题

1. 简述森林分类经营。
2. 简述公益林、商品林的概念。
3. 试述严格保育的公益林、多功能经营的兼用林、集约经营的商品林的概念。
4. 简述森林分类经营的意义。

○ 推荐阅读

1. 森林经理学(第4版)，亢新刚，中国林业出版社，2011.
2. 全国森林经营规划(2016—2050).

第二部分　人工林营造与管理

单元 1　认识人工林

由于受自然因素或人为干扰的影响，森林资源遭到破坏，森林覆盖率下降，洪水、干旱、水土流失等自然灾害频发，严重威胁生态安全和林业的持续发展。人工造林是扩大森林资源、改善生态环境和缓解中国木材供需矛盾的主要途径之一。本单元主要介绍人工林的相关概念、类型、作用、营造方法等。

1.1　简介

人工林是指通过人工措施形成的森林，采用人工播种、栽植或扦插等方法和技术措施营造培育而成。人工林的经营目的明确，树种选择、空间配置及其他造林技术措施都是按照人们的要求来安排的。人工林由人工造林或人工更新造林建立。

人工造林是指通过人为方式在技术上要求根据林木生态适应性和生长发育规律进行科学植树造林活动。人工造林只有把握适地适树、良种壮苗、及时抚育间伐、防虫治病等生产环节，才能达到速生丰产的目的。在中国，衡量人工林营造情况的指标主要包括已成林造林地面积和未成林造林地面积、造林成活率、造林保存率等。

1.1.1　人工林的主要特点

人工林均按一定的目的要求和人们需要的林种，集中营造在交通较为方便的地段，并采取适地适树、选育良种、密度适中、抚育管理等集约经营措施进行营造和培育。人工林的主要特点如下：

①从生长上讲，人工林具有生长量大、质量较稳定等特点；

②从遗传上讲，人工造林时所选用的种苗或其他繁殖材料都是经过人为选择和培育的，遗传品质高、适应性强；

③从年龄上讲，人工造林形成的大多是同龄林；

④从结构上讲，人工林无论是混交林还是纯林，林木分布较为均匀，且早期林分生物多样性较低；

⑤从经营上讲，人工林是按照一定经营目标培育的，经营管理更为集约化、精细化，

方便人为干预和后期加工利用,更容易发挥其多功能效益。

1.1.2　人工林类型划分

通常情况下,按繁殖和培育方法分为播种林、植苗林和插条林等。按用途分为人工用材林、人工薪炭林、人工经济林、人工防护林等。按树种分为人工马尾松林、人工杉木林、人工杨树林、人工桉树林等。

1.1.3　人工林主要作用

（1）扩大森林资源

截至 2019 年年底,我国人工林达 6933 万 hm^2,居世界第一位。改革开放 40 多年来,我国森林面积由 17.25 亿亩①增加到 31.2 亿亩,森林覆盖率由 12% 提高到 21.66%,在森林面积中人工林的占比从 19% 上升到 37.8%,贡献了大部分的森林增量。2000—2017 年,在全球新增绿化面积中,约 1/4 来自中国,且中国新增绿化面积中的 42% 来自人工林。

（2）改善生态环境

人工林在水土保持和沙漠化防治等方面做出了突出贡献,间接保护了天然林。

（3）缓解木材供需矛盾

改革开放 40 多年来,森林蓄积量由 90.28 亿 m^3 增加到 151.37 亿 m^3,大大缓解我国的木材供应压力。我国木材消耗逐年增加,现已成为全球第二大木材消耗国、第一大木材进口国,木材对外依存度接近 50%,我国木材供需市场矛盾长期存在,人工林的种植是国内木材保持供应的积极力量。

（4）增加经济效益

2017 年,我国林业产业总产值达 7.1 万亿元,改革开放 40 多年来提升近 400 倍,使我国成为林产品生产、贸易和消费大国。木本油料、森林旅游、竹藤花卉、经济林果等绿色产业蓬勃发展,推动各地将生态优势转化为经济优势,带动了社会就业和农民致富。目前,我国山区农民纯收入的 20% 来自林业,重点地区甚至超过 50%。

1.1.4　人工林结构

人工林结构是指林分的林木群体各组成部分的时间和空间分布格局,即组成林分的树种、比例、密度、配置、林层、根系等在时间和空间上具有一定的水平分布和垂直分布状况。林分密度和种植点配置决定林分水平结构,树种组成的年龄决定林分垂直结构。树种组成是指构成林分的树种成分及其所占比例,根据树种组成的不同,将人工林分为纯林和混交林。

（1）纯林

由一种树种组成,或虽由多种树种组成,但主要树种的株数、断面积或蓄积量,占总株数、总断面积或总蓄积量 80%(不含)以上的森林称为纯林(图 2-1-1)。

---

① 1 亩 ≈ 667m^2。

（2）混交林

由两种或两种以上树种组成，其中主要树种的株数、断面积或蓄积量，占总株数、总断面积或总蓄积量80%（含）以下的森林称为混交林（图2-1-2）。

图 2-1-1　桉树人工纯林

图 2-1-2　丹江口市女贞与侧柏混交林

1.2　技术指南

1.2.1　适地适树

适地适树是人工造林的基本原则。适地适树是指将树木栽在适宜其生长的地方，使造林树种的生态学特性与造林地的立地条件相适应，以充分发挥造林地的生产潜力，达到该林方在当前的技术经济和管理的条件下能达到的高产水平或高效益。

（1）适地适树标准

衡量适地适树的数量标准主要有两个：一是平均材积生长量；二是某树种在各种立地条件下的立地指数。

（2）适地适树途径

适地适树途径可归纳为3条：一是选树适地或选地适树；二是改树适地；三是改地

适树。

（3）适地适树方法

适地适树方法包括了解造林地特性；了解造林树种特性；分析地树关系，确定适生树种；确定适地适树方案。

1.2.2　提高人工林生产力的途径

（1）选用适当的造林方法

造林方法有植苗造林、播种造林和分殖造林3种。其中，植苗造林是最主要的造林方法。营造高生产力人工林，除个别情况可播种造林或分殖造林外，应强调植苗造林。"两大一深"（即大苗、大穴、深栽）栽植法是国内外营造速生丰产林的基本经验。

（2）改良树种遗传品质

这是一条非常重要的途径。人工林的集约培育与农作物栽培有许多共性，培育的人工林所用的树种也应像农作物一样，通过育种提高其遗传品质，包括速生性、丰产性、优质性、抗逆性等，以便在培育中推广应用。

（3）控制林分结构

合理控制群体结构，能使林分充分、合理、有效地利用光照、温度、水分、养分等生活因子，既能保证林木个体得到充分发育空间，又能最大限度地利用营养空间，是发挥林分最大生产潜力的重要保障。

（4）选择立地

应根据所培育树种的生态要求选择适宜的造林地，为了培育高生产力的森林，必须根据高生产力的必需条件选择自然条件较好的造林地。

（5）调控立地

在生产实际中，符合高生产力所需条件要求的造林地不多，需采取一定措施改善立地性能，使之能具备高产的条件。这些措施通常包括整地、施肥、灌溉或排水洗盐以及生物改良等。

1.2.3　人工造林技术措施

（1）适地适树

适地适树应作为林木速生丰产优质和充分发挥人工林多种效益的基础，是造林技术措施的首要项目。选择和调控立地，创造良好的外界环境条件。

（2）良种壮苗

良种壮苗具有较强的生理机能和抗逆能力、较优的干材品质，因而具备高生产力的潜在能力。

（3）合理结构

林分由许多树木个体组成，必须有一定的密度、配置方式、树种组合、年龄结构等，形成合理的群体结构，这样才能更充分利用光能和地力等，增强对外界不良环境的抵抗力，形成较高的群体产量，具有良好的生态效益。从调控林分结构着手，使之形成合理的林分结构。

（4）科学种植、 抚育保护

在上述基础上，通过科学种植、抚育保护措施进一步改善造林地的环境，以保证培育高生产力人工林。

1.3 　教学指南

本教学以示例形式进行。

1.3.1 　教学方法说明

假定学生为某县林业主管部门的专业技术人员，该县新一年度的造林工作即将开展，需要负责的人员对该方面工作统筹安排。

（1）理论学习

向学生讲解人工林概念的由来和发展，从林业重点生态工程造林到全民义务植树运动直至林业行业标准的颁布。对人工林的概念、类型、结构、作用等各个方面进行理论讲解，讲解过程中配以相关资料，辅助学生加深对人工林的认识，通过展示资料帮助学生建立人工林的直观印象，为后续人工造林工作打下基础。对人工造林工作的注意事项和工作流程进行详细讲解，该部分为本教学的重点，需要学生着重掌握，教学过程中通过提问、小组讨论等多种形式，帮助学生理解及检验学习情况。

（2）实际操作

向学生展示两幅森林照片并对与之对应的林分情况进行介绍，其生长状况均显著低于同一立地条件及经营水平下的林分，需要开展低效林改造。

将学生分为4组，前两组和后两组分别对两张图片进行分析，尽可能多地列出将其划分为某一类低效林的判断条件，确定改造方式，结合实际制定低效林改造的工作流程。工作完成后，推选代表进行成果展示，并带领全体学生对4个小组的成果进行讨论，对比判断得出最优结果。对各组出现的问题进行梳理，归纳总结普遍性问题，针对此类问题重点分析，帮助学生把握重点，理解难点。

1.3.2 　教学练习总结

简介：本教学旨在使学生了解村内及一般情况下的人工林及其功能，它将有助于对造林群体、利益及潜力等方面开展讨论，并为有效地解决纠纷提供参考	目标：了解人工林的概念、类型、结构、作用；帮助参与者结合知识分析其自身处境以及人工林经营的结果	步骤：情况介绍，进入实地找出讨论的问题，进行小组讨论	培训对象：决策者、村民
培训教师：林业推广员	地点：实地考察、会议室	时间：约 0.5d	培训人数：10~20 人

1.3.3 教学过程设计

时间	目的	内容及程序	材料
10min	布置场地、人员准备	与学生见面；自我介绍；学生互相介绍；互相了解身份；解释该单元培训方案及时间；明确开设本培训的目的，介绍培训目标	无
1h	活跃气氛	进入实地，评价村庄和人工林的状况；向学生展示人工林与天然林对比状况；讨论有关林业重点生态工程造林与全民义务植树的相关资料	剪报
45min	收集分析结果	对人工林的功能开展自由讨论；活跃讨论气氛	卡片、笔、大头针及黑板
1h	理论培训、排序、讨论	如果需要，根据技术说明的框架，讲述人工林的功能，让参与者进行总结并将主要功能进行排序；讨论不同类型人工林的功能	
1h	当地人工林功能及其影响	对示例村庄的人工林功能、目标及经营方式达成共识	
10min	总结	发放材料，讨论每份资料并总结其意义	培训资料

○ **思考题**

1. 简述人工林的概念及其作用。
2. 简述纯林和混交林的概念。
3. 简述人工造林的基本原则。
4. 简述人工造林的主要技术措施。

○ **推荐阅读**

1. 森林培育学(第3版)，翟明普、沈国舫，中国林业出版社，2016.
2. 森林营造技术(第2版)，张余田，中国林业出版社，2015.
3. 造林技术规程(GB/T 15776—2016).

单元 2　造林规划设计

造林规划设计应具有一定的灵活性，更注重创新，不一定对每一个实施细节都采取按部就班的模式。造林规划设计发展必须以造林地块的特点和林业特征以及要达到的效益目标为基础。本单元集中阐述在进行造林规划设计时应重点考虑的问题。

2.1　简介

2.1.1　造林规划设计考虑的问题

造林规划设计是为了完成项目造林的地块预先编制出的技术性文件，是为了给每个涉及项目造林的人员提供清楚的指导，以保证项目活动按正常的轨道进行。因此，造林设计要在不让项目实施人员等感到困惑的情况下留出足够的细节设计空间，以供他们灵活发挥。例如，在中德合作造林项目中，项目的设计实施都是采用参与式林业规划方法，由施工人员来具体进行的。同时，为了避免僵化或混淆项目中为适应不同地块做出的具体技术设计，应有一个最低额(根据地块客观情况确定，一般4~8个)。

造林规划设计应考虑气候和立地因素、造林模式和目标，同时应给出一定的设计方案选择。例如，树种选择，混交树种，种植密度，种苗类型、质量和数量要求，造林措施等。

在选择究竟采用哪种设计时还需考虑一些额外的因素，如轮伐期长短、经济和环境的目标。

2.1.2 参与式土地利用规划

参与式土地利用规划是一种"自下而上"的规划方法，它是将农民的乡土知识、经验、兴趣、潜力、限制因素，结合项目人员的技术与管理经验和土地资源现状作为所有规划的基础。农户是参与式土地利用规划的设计者和主体，参与式土地利用规划必须从农户的现状和农户家庭的层次开始，整个规划应当有农户全过程参与。

参与式土地利用规划的目的是使项目的规划设计建立在广泛的群众基础之上，制订符合可持续发展的土地资源利用计划和管理措施，从而保证项目的顺利实施，实现森林资源的可持续经营。

参与式土地利用规划中，农民不仅是项目的目标群体，而且是项目活动的规划者和执行者。村民组是规划的基本单元，只有在村民组很小的情况下(小于10户，造林地小于20hm²)，或者申请项目的村民组相互毗连(可以跨越行政村，但总户数不要超过100户)能够成为一个整体的项目区时，才能由几个村民组一起做规划。每次村民会议至少有30%的成年人参加，如果有可能，所有农户都要参加会议；参加者应不分性别、老幼、民族和社会经济状况。

2.1.2.1 参与式土地利用规划步骤

①选择乡镇、行政村、村民组；②组建规划组；③向乡、村干部宣传和发放申请表；④项目宣传和土地利用现状分析；⑤农户自己讨论有关事宜；⑥小班设计；⑦参与式实地制图；⑧确定土地利用规划；⑨参与式土地利用规划成果评估和认可；⑩签订项目合同。

2.1.2.2 经营类型适应区域

①用材林 造林地坡度在20°~30°，森林郁闭度<0.2，水土流失不太严重的地段。
②防护林 造林地坡度在25°~35°，森林郁闭度<0.2，水土流失较严重的地段。
③封山育林补植 坡度在30°以下，森林郁闭度0.2~0.5，水土流失很少的地段。
④经济林 距离村庄500m以内，有较好的土壤，梯田或坡度小于25°。
⑤庭院林 在农户积极性高和有意愿的村或组，并且条件适宜，农户在房前屋后、自留地、菜园等地种植果树。

2.1.2.3　参与式土地利用规划的造林模式

（1）造林模式

参与式土地利用规划的造林模式见表2-2-1。

表 2-2-1　参与式土地利用规划的造林模式

经营类型	经济林	用材林		防护林	封山育林补植
密度（hm²）	500/825/667/1600	2000		2500	800
密度（亩）	33~107	133		167	53
小班土质和立地条件	很好（AA）	好（A）	中（B）	差（C）	好（A）
土壤/实地评估	—	参与式土地利用规划步骤"小班设计"的基础评估由技术人员与农民合作完成			—
小班造林模式	100%果树、干果树种或药材树种	阔叶树最低占70%；针叶树最多占30%	阔叶树最低占50%；针叶树最多占50%	阔叶树最低占30%；针叶树最多占70%	阔叶树最低占70%；针叶树最多占30%
规划	—	每个小班至少有2个树种，如果有可能最好有3~4个树种			
		板栗最多占50%	板栗最多占50%	板栗最多占30%	板栗最多占50%
		在用材林中油茶最多占20%	在防护林中油茶占30%~50%		在防护林中油茶最多占20%
		项目不种植杂交杨树			
造林设计（间距）	规则株行距	不规则的株行距（可变），最好是块状混交（≤10亩/块）；一个林块里只有1个树种；根据最小配置点配置；条件好的种植阔叶树，条件差的种植针叶树			
补植	无	20%（400株/hm²）		20%（500株/hm²）	20%（160株/hm²）

（2）立地条件及其类型

①立地条件　林业用地上体现气候、地质、地貌、土壤、水文、植被、生物对森林生长有重大意义的生态环境因子的综合。

②立地条件类型　地域上不连接，但立地条件基本相同，林地生产潜力水平基本一致的地段的组合。

中德财政合作湖北小农户造林项目（以下简称"中德合作造林项目"）以林地与农户的距离、坡度、水土流失状况及林分郁闭度确定森林经营类型。在此基础上，考虑项目区内影响林木生长发育的主导因素、当地技术人员及农户实际操作的可能性，用母岩、地形部位及土壤厚度划分立地条件类型。项目区范围内立地类型见表2-2-2。

母岩：花岗岩、片麻岩、石英岩、泥质板岩、红色砂砾岩、石灰岩及冲积物。

地形部位：上坡、中坡、下坡、河谷阶地、山坳及山脊等。

土壤：厚土层（>80cm）、中土层（40~80cm）及薄土层（<40cm）3种土壤类型。

表 2-2-2　中德合作造林项目区立地类型

母岩	坡位	土层厚度	立地类型	立地类型组代号	立地类型组推荐造林树种
花岗岩片麻岩石英岩	上坡	薄土层	花岗岩上坡薄土层立地类型	SF1	薄土层立地类型组 SF1：马尾松×枫香 以湿地松替代马尾松作为主要树种，以刺槐、紫穗槐、花椒等为替代伴生树种
	中坡	薄土层	花岗岩中坡薄土层立地类型	SF1	
		中土层	花岗岩中坡中土层立地类型	SF2	
		厚土层	花岗岩中坡厚土层立地类型	SF2	
	山坳	中土层	花岗岩山坳中土层立地类型	SF3	
		厚土层	花岗岩山坳厚土层立地类型	SF3	
	山脊	薄土层	花岗岩山脊薄土层立地类型	SF3	
红色砂砾岩	上坡	薄土层	砂砾岩上坡薄土层立地类型	SF1	
	中坡、下坡	薄土层	砂砾岩中坡薄土层立地类型	SF1	中厚土层立地类型组 SF2：板栗×枫香 湿地松可替代板栗作为主要树种，以油茶、樟树、刺槐、黄檗、杜仲等为替代伴生树种
		中土层	砂砾岩中坡中土层立地类型	SF2	
		厚土层	砂砾岩下坡厚土层立地类型	SF2	
	山坳	中土层	砂砾岩山坳中土层立地类型	SF3	
		厚土层	砂砾岩山坳厚土层立地类型	SF3	
	山脊	薄土层	砂砾岩山脊薄土层立地类型	SF3	
石灰岩	上坡	薄土层	石灰岩上坡薄土层立地类型	SF1	山脊薄土层立地类型组 SF3：可用紫穗槐、油茶等树种造林，也可以保持原有植被作为防火带
	中坡	薄土层	石灰岩中坡薄土层立地类型	SF1	
		中土层	石灰岩中坡中土层立地类型	SF2	
		厚土层	石灰岩中坡厚土层立地类型	SF2	
	山坳	中土层	石灰岩山坳中土层立地类型	SF2	河谷阶地平原立地类型组 SF4：板栗×麻栗 湿地松可替代板栗作为主要树种，以樟树、花椒等为替代伴生树种
		厚土层	石灰岩山坳厚土层立地类型	SF2	
	山脊	薄土层	石灰岩山脊薄土层立地类型	SF3	
第四纪黏土	中下坡	薄土层	第四纪黏土中下坡薄土层立地类型	SF1	
		中厚土层	第四纪黏土中下坡中厚土层立地类型	SF2	
冲积物	河谷阶地	石砾类型	冲积物河谷阶地石砾质立地类型	SF4	
		砂砾类型	冲积物河谷阶地砂砾质立地类型	SF4	
	平原	厚土层	平原厚土层立地类型		

（3）林班区划

①基本底图　项目造林要求准备项目区内地形图，比例尺为 1∶10 000，作为项目市（县）位置图、项目区布局示意图及造林作业设计图绘制的基础。

②林班区划　林班区划时以明显的地标物作为区划的依据，如道路、山脊、河谷、河流及行政界线等。一般一个林班面积为 $20 \sim 100 \text{hm}^2$，可以根据实际情况进行适当调整。在林班内可以划分 2 个以上小班。中德合作造林项目要求小班不得归属 2 个林班，即每个小班在林班中是完整的。

（4）小班勾绘

①小班面积　小班是造林项目最小的规划、管理和监测单元。因此，中德合作造林项目

要求一个小班只能是一个经营类型。小班面积为 1~20hm²。

②小班区划与林地整体连片　为了促进森林的顺行演替，增加森林中物种多样性，更好地发挥森林生态效益，建设项目区内尽可能将小班相连以形成整片森林。

（5）小班调查与立地类型组归类

小班勾绘好以后，要求对小班进行专业调查，调查表见表 2-2-3。根据小班专业调查的结果，确定其立地类型及立地类型组，以立地类型组小班进行归类。中德合作造林项目以立地类型组为单位进行典型造林设计。

表 2-2-3　造林小班调查表

小班号	小班面积	户主	地形状况	植被状况	母岩类型	土壤状况	立地类型组

注：单个小班面积过大时，可能在同一小班内有 2 个或多个立地类型。

2.2　技术指南

2.2.1　造林设计原则

①坚持生态优先，兼顾农户经济效益和社会效益的原则。
②贯彻人工造林、天然更新与封山育林相结合的原则。
③追求人工造林适地适树原则与最大限度利用乡土树种原则。
④体现科技支撑原则。

2.2.2　主要设计问题

（1）前期准备

确定造林设计之前，需要研究的问题和因素包括：

①造林目标是什么？如自给性需求，需要的产品类型和轮伐期，市场价值，环保价值等。
②哪种森林类型最适合该地块？如防护林、用材林、经济林或防浪林、封山育林等。
③哪种树种（本地或外来）栽植于哪种立地上？
④哪种树种可以混交，选择哪种混交模式？
⑤为取得预期目标应采取哪种管理体系？
⑥项目区的造林必须坚持的技术和行政标准是什么？

做规划设计时应参照上述问题答案，确定正确的造林设计。

（2）造林规划基础

中德合作造林项目的造林规划建立在下列基础上：

①参与式林业规划　在选择地块、树种和设计方案时，农民的积极参与是非常重要的，他们可以根据市场需要、林木保护需要和自给性需要选择的林木产品。

②立地调查　必须对准备造林的地块进行调查。

③立地因素　以下因素将影响可以使用的树种选择。

土壤：有些树种适宜在瘠薄、干旱的土壤上生长，有些适宜在酸性或碱性土壤上生长。

气候：有些树种耐干旱，有些树种耐霜冻，有些树种抗风能力强。

地形地貌：有些树种抗风抗冻能力强，也能抵御烈日的暴晒；有些在出现霜冻的山谷也能长势良好。

海拔：有些树种适宜在低海拔地区生长，有些适宜在高海拔地区生长。

一旦某个地区有了一个立地分类系统，并且适合目标地区，在划分地块质量时，该立地分类系统就是重要的参考。

④轮伐期　要能在特定的立地上获得最大回报，轮伐期必须根据经济社会条件和林农意愿做一定调整。轮伐期长，加上间伐，树木质量优，营养流失少，但经营周期长，获得收益需要等待轮伐期结束。轮伐期短，长成的立木材积小，质量较低，但长势迅速。同时轮伐期选择也要考虑市场因素、价格趋势、经济收入以及立地条件。

2.2.3　造林规划设计步骤

（1）树种的选择

造林树种和种源选择正确与否是人工林效益能否正常发挥的关键。选择造林树种最重要的原则是适地适树，即树种的生物学、生态学特性与造林立地条件适应；其次是生物多样性原则，尽量选择不同树种进行混交；同时尽可能选择优良乡土树种，慎用外来树种；还要考虑造林区域局部与地区整体生态功能区划、经济效益与生态效益、林农意愿等多个因素。

在进行造林规划设计时，不仅要考虑上述树种选择的基本原则，还需要根据造林的具体目标或功能定位来选择树种。例如，培育用材林，其树种要具有速生、丰产、优质等特性；培育经济林，则须选择生长快、收益早、产量高、质量好、收获期长的树种。

（2）造林种植点配置

种植点的配置是指播种点或栽植点在造林地上的间距及其排列方式。同种造林密度可以由不同的配置方式来体现，从而形成不同的林分结构。

①行状配置　可使林木较均匀地分布，能充分利用营养空间，树干发育较好，也便于抚育管理，应用最为普遍。种植行走向，平地造林时宜南北走向，坡地造林时宜选择沿等高线方向，风害严重地区造林时宜与主风向垂直（图2-2-1、图2-2-2）。种植点行状配置可分为以下3种方式：

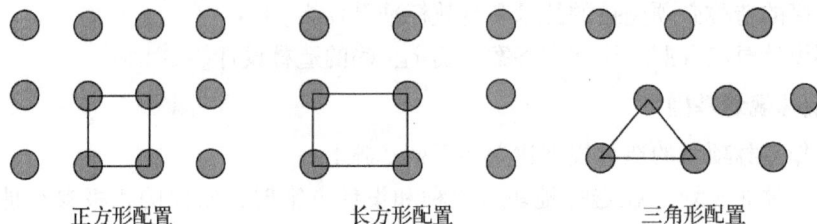

正方形配置　　　　　长方形配置　　　　　三角形配置

图2-2-1　种植点行状配置方式（1）

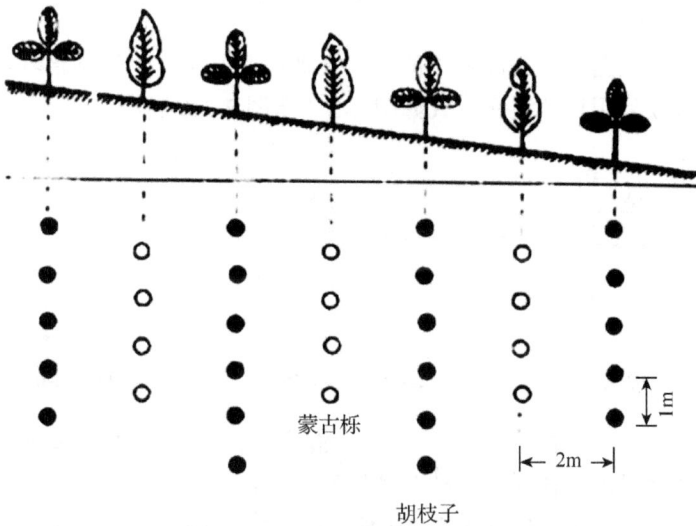

图 2-2-2　种植点行状配置方式（2）

正方形配置：株行距相等，种植点位于正方形的顶点。栽植和管理都比较方便，植株分布和林木生长发育比较均匀、整齐，适用于平地或缓坡地造林。

长方形配置：行距大于株距。有利于行间抚育间作，便于施工和机械化作业。山地长方形配置时种植行的方向应与等高线方向一致；在风沙地区，种植行的方向应与主要害风方向垂直；平原地区，南北方向的行比东西方向的行更有利于充分利用光能。

三角形配置：其行间的种植点彼此错开，也称品字形配置。该配置方式有利于树冠均匀发育和发挥防护作用，适用于营造水土保持林和防风固沙林。

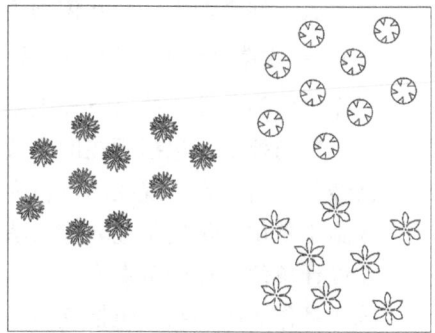

图 2-2-3　种植点群状配置方式

②群状配置　也称簇式配置、植生组配置。植株在造林地上呈不均匀群状分布，群与群之间的距离较大。适用于防护林营造以及在立地条件差的地方造林（图 2-2-3）。

（3）种植点数计算

种植点的配置方式及株行距确定以后，单位面积种植点的数量可根据株行距和配置形式用表 2-2-4 中的公式计算。

表 2-2-4　单位面积种植点数量的计算公式

配置方式	正方形	长方形	品字形	说明
计算公式	$N=A/a^2$	$N=A/ab$	$N=A/0.866a^2$	N 为株数；A 为面积，m^2；a 为株距，m；b 为行距，m

注：1. 造林面积是指水平面积，株行距是指水平距离，在山地造林定点时，行距应按地面的坡度加以调整；
　　2. 采用丛植法，则分别用上述公式乘以每一群的株数；
　　3. 树种组成及其比例：不同立地类型均要求营造混交林，可以随农户的意愿选择主要树种和伴随树种。

（4）营造混交林

①混交林方式　依据立地条件不同可以不规则小块混交、不规则带状混交和植生组混交。中德合作造林项目用材林混交方式如图 2-2-4 至图 2-2-6 所示。

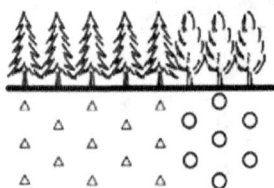

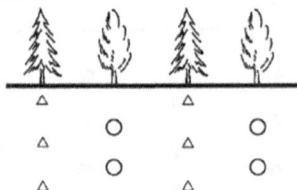

图 2-2-4　带状混交　　　　　图 2-2-5　行状混交　　　　　图 2-2-6　株间混交

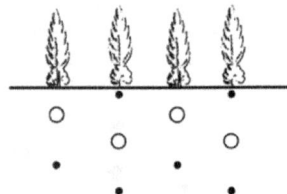

②混交树种及其比例　混交林要求针阔叶混交，依据立地条件来决定针阔叶混交比例。中德合作造林项目用材林混交树种及其比例如下：

薄土层立地类型组：阔叶树约占 30%（板栗<30%，油茶<20%），针叶树约占 70%。

中土层立地类型组：阔叶树约占 50%（板栗<30%，油茶<20%），针叶树约占 50%。

厚土层立地类型组：阔叶树约占 70%（板栗<30%，油茶<20%），针叶树约占 30%。

（5）完成造林作业设计说明书

以作业区为单元，按以下提纲编写：

①位置与范围　包括所在的行政区域、林班、小班及其大致界限和面积。

②经营权所有人、现在的承包人。

③施工单位　包括单位名称、法人。

④设计单位与设计负责人　包括单位名称、资质，设计负责人姓名、职称。

⑤造林作业区现状　包括立地条件、植被现状。

⑥作业设计的指导思想与原则。

⑦经营类型与树种设计　包括经营类型、树种、种苗、整地方式、造林方式、种植密度、树种组成及其比例。

⑧幼林抚育设计　包括抚育次数、时间及具体要求等。

⑨辅助工程设计　包括林道、灌溉渠等。

⑩施工进度　包括整地、造林的年度、季节。

⑪工程量计算　包括各树种种苗量、整地穴数量、肥料用量、农药用量、辅助工程工程量。

⑫用工量测算　包括造林、辅助工程的用工量。

⑬经费预算　分为苗木、物资、劳力和其他 4 类计算。

（6）完成造林作业设计图

①作业设计总平面图　图素包括明显的地物标志、边界、辅助工程的布设位置及苗木栽植位置。

②造林图样　包括栽植配置平面图、立面图、透视图、鸟瞰图及整地样式图。中德合作造林项目用材林的造林平面配置如图 2-2-7 和图 2-2-8 所示。

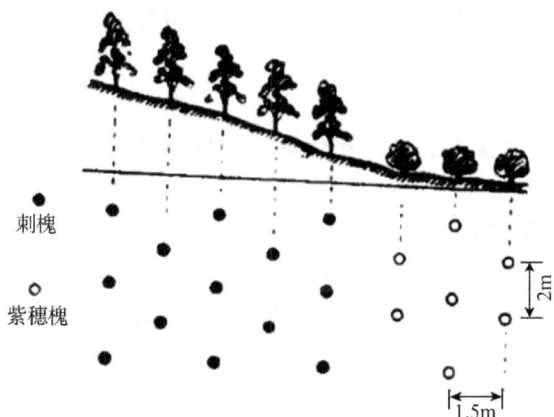

图 2-2-7 山地造林平面配置

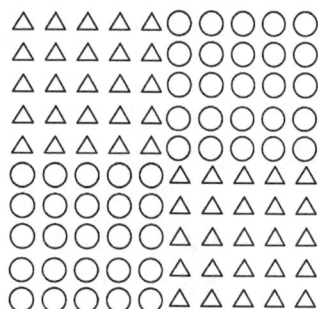

图 2-2-8 块状混交

③辅助工程单项设计图 按照相关国家标准、行业标准绘制单项设计图。

（7）完成造林作业设计表

①造林作业区现状调查表 例如，中德合作造林项目用材林的造林作业区现状调查见表 2-2-5。

②造林作业设计表 例如，中德合作造林项目用材林的造林作业设计见表 2-2-5。

表 2-2-5 中德合作造林项目小班经营作业设计

村名	林班号	小班号	小地名	小班面积	立地类型组	经营类型	造林措施设计								
							主要造林树种	混交比例（%）	混交方式	整地方式	整地时间	整地规格	造林时间	抚育次数	需苗量

2.3 教学指南

2.3.1 教学方法说明

假定学生为某县林业主管部门的专业技术人员，该县新一年度的低质低效林改造工作即将开展，需要负责人员对该方面的工作统筹安排。

（1）室内培训

①活跃气氛。

②出示挂图并提问。

问题 1：为什么选择不同的株行距（考虑不同的目标和需要）？

问题 2：要发展造林设计需考虑哪些重要问题？

③用投影作为辅助手段介绍主题。接着，提出下列问题：

问题1：进行造林设计需要注意的基本因素和原则(立地目标，树种混交，林业经营)是什么？

问题2：进行造林设计需要做哪些准备工作？

问题3：如果设计错误(如间距太宽或太窄，树种不合适，立地条件不合适)，会产生什么后果？

问题4：间距太宽或太窄的不利之处是什么？

问题5：根系、树形、土壤肥力、土壤湿润度、坡度以及总体目标是如何影响造林设计的？采取正方形配置种植、长方形配置种植、三角形配置种植的时间，以及在不同的种植方式下的间距设计是怎样的？

④让学生将答案写在纸上，并贴在黑板上。培训教师将其整理分类后，总结该练习的结果。

⑤对已讨论的问题做一个小结，并补充一些在技术指南中提到的内容。将培训资料分发给学生并做总结，重点应放在学生困惑较多的部分。

⑥练习。计算种苗数量。阐述如何计算不同种植模式的种苗数量。首先阐述公式，然后举例。

【例2-1】种苗间距3m×3m；种植模式是正方形配置或三角形配置。

解：

正方形配置：

$$10\ 000/3^2 = 1111(株/hm^2)$$

三角形配置：

$$10\ 000/3^2 \times 0.866 = 1282(株/hm^2)$$

计算培育的种苗数量时，在上面计算数目基础上再增加15%，以弥补在运输苗木时造成的损失。同时建议保留20%的一级苗以备补植。

⑦讨论培训资料中给出的造林设计并征求大家的意见，看有何补充。

（2）实地培训

参观代表不同造林设计的森林(优劣都要参观)。

将学生分成几个小组，每个小组评估几种现有的造林设计，记下方法和结果。

分组的结果和对小组的评价由培训教师和学员共同进行。

提示：使用清单并记录树种(根系、郁闭度、选择目的)、立地条件(土壤肥力、土壤湿润度、坡度)和株距。评价是否根据预期使用目的为所定造林地块选择了最优间距。

2.3.2 教学练习总结

简介：本教学旨在使学生了解村内及一般情况下的造林设计，它将有助于对造林群体、利益及潜力等方面开展讨论，并且在调解资源使用冲突时有效地解决纠纷	目标：了解造林设计的基本因素和原则；帮助参与者用此知识分析其自身处境以及造林设计的结果	步骤：情况介绍，进入实地找出讨论的问题，小组讨论	培训对象：决策者、村民
培训教师：林业推广员	地点：实地考察、会议室	时间：约0.5d	培训人数：10~20人

2.3.3 教学过程设计

时间	目的	内容及程序	材料
10min	布置场地、人员准备	与学员见面；自我介绍；学员互相介绍；互相了解身份；解释该单元培训方案及时间；明确开设本培训的目的，介绍培训目标	无
1h	活跃气氛	进入实地，评价村庄造林设计状况；向学员对比展示好的造林设计与不好的造林设计；讨论有关林业重点生态工程的造林设计	剪报
45min	收集所有争论问题	就造林设计的方法开展自由讨论；活跃讨论气氛	卡片、笔、大头针及黑板
1h	理论培训、排序、讨论	如果需要，根据技术说明的框架，讲述造林设计的方法。让参与者总结	
1h	当地造林设计及其影响	就一个村庄的造林设计达成共识	
10min	总结	发放材料，讨论每张图表并总结其意义	培训资料

○ **思考题**

1. 造林时为什么要进行树种选择？
2. 简述造林规划设计的基本步骤。
3. 为什么要营造混交林？

○ **推荐阅读**

1. 森林营造技术(第2版)，张余田，中国林业出版社，2015.
2. 造林技术规程(GB/T 15776—2016).
3. 造林作业设计规程(LY/T 1607—2003).

单元3 苗木生产与运输

在现代化的林业建设中，林业苗木是非常重要的组成部分，其不仅是植树造林的苗木来源，而且是城市建设和绿化的保障。苗木生产与运输主要包括苗圃地建立、播种繁殖、扦插繁殖、嫁接繁殖、容器育苗、设施育苗、苗木出圃等内容。

3.1 简介

3.1.1 苗圃建立

选择苗圃地时，应对苗圃地的各种条件进行深入细致的调查，经全面的分析研究加以确定。这对使用年限较长，经营面积较大，投资、设备较多的苗圃尤为重要，必须认真而慎重地选择苗圃地。

苗圃应设在交通方便，靠近居民点，靠近河流、湖泊、池塘和水库的地方，病虫危害严重的地方不宜作为苗圃地，并应尽量远离污染源。苗圃应设在地势平坦、排水良好的平地或 1°~3°的缓坡地，忌设在易积水的低洼地、过水地，风害严重的风口，光照很弱的山谷等地段，宜选择较肥沃的砂质壤土、轻壤土和壤土，同时考虑土壤的酸碱度与培育的苗木种类相适应。

苗圃地包括生产用地和辅助用地两部分。生产用地通常占 80%，辅助用地通常占 20%。苗圃地地点确定后，要对苗圃地的环境条件进行全面调查和综合分析，对苗圃进行全面规划，并结合培育苗木的特性确定育苗技术对策。

3.1.2 苗圃区划

生产用地主要包括播种区、营养繁殖区、移植区和大苗区。播种区是培育播种苗的生产区；营养繁殖区是培育插条苗、压条苗、分株苗和嫁接苗的生产区；移植区是培育移植苗的生产区；大苗区是培育体型、苗龄均较大并整形的大苗的作业区。

苗圃的辅助用地主要包括道路系统、排灌系统、防护林带、管理区的房屋场地等，是为服务苗木生产所占用的土地，要求既能满足生产需要，又设计合理，减少用地。

3.1.3 苗圃施工

苗圃施工的主要项目是各类建筑和道路、沟渠的修建，水、电、通信设施的铺设，以及防护林带的种植和土地平整等。房屋的建设宜在其他各项之前进行。

3.2 技术指南

3.2.1 播种育苗

在播种之前要进行选种、消毒和催芽等一系列的处理工作。

3.2.1.1 选种和消毒方法

种子精选的方法包括风选、水选、筛选、粒选等，可根据种子特性和夹杂物特性而定；种子消毒使用的消毒剂主要包括甲醛溶液、硫酸铜溶液、高锰酸钾溶液、石灰水溶液和敌克松粉剂等；种子催芽的方法很多，生产上通常使用水浸催芽和层积催芽。

3.2.1.2 催芽方法

水浸催芽适用于被迫休眠的种子，如马尾松、侧柏、杉木等，是指在播种前把种子浸泡在一定温度的水中，经过一定的时间后捞出。种、水体积比一般为 1:3，浸种过程中每天换 1~2 次水。浸种的水温和时间因树种特性而异。

层积催芽是指把种子和湿润物混合或分层放置于一定的低温、通气条件下，促进其发芽的方法。此法适用于长期休眠的种子。层积催芽要求一定的环境条件，其中低温、湿润和通气条件最为重要(图 2-3-1)。

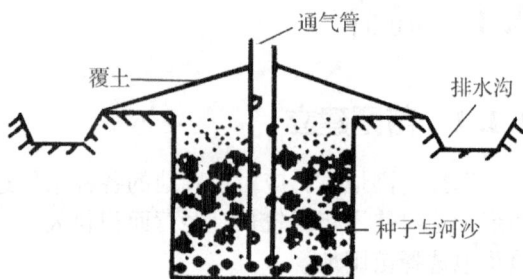

图 2-3-1 层积催芽示意

3.2.1.3　播种方法

适时播种是培育壮苗的重要措施之一，播种时期通常按季节分为春播、夏播、秋播和冬播。冬末春初是育苗最主要的播种季节，夏播适用于夏季成熟而又不易贮藏的树种，如杨、柳、榆、桑、桦等，也适宜培育半年生苗。常用的播种方法有条播、撒播和点播3种，应根据树种特性、育苗技术及自然条件等因素选用不同的播种方法。

（1）条播

条播是指按一定的行距在播种地上开沟，把种子均匀播在沟内的播种方法。条播一般要求播幅（播种沟宽度）10~15cm，行距20~25cm。这种方法在生产上应用最为广泛，适于中、小粒种子。条播育苗苗木通风透光条件较好，且便于抚育管理和机械化作业，同时节省种子，起苗也方便（图2-3-2）。

（2）撒播

撒播是指将种子直接均匀地撒播在苗床或者垄上，适用于极小粒种子。其优点是可以充分利用土地，单位面积产苗量较高，并且苗木分布均匀，生长整齐一致。

（3）点播

点播是指在苗床上或大田上，按一定的株行距挖小穴播种，或按行距开沟后，再按行株距将种子播入沟内的播种方法。点播主要适用于大粒种子。点播具有条播的全部优点，但苗木产量较低（图2-3-3）。

图2-3-2　条播示意	图2-3-3　点播示意

3.2.1.4　播种育苗主要过程

（1）播种工序

播种工序包括条播开沟（压实）、播种、覆土、覆盖和淋水5个环节，环节工作质量和配合好坏，直接影响种子发芽和幼苗生长。人工播种，上述环节可分别进行；而采用机械播种，是连续进行的。

①开沟　要求沟底平整，开沟宽窄深浅一致，以便做到播种均匀及覆土厚薄均匀。采用撒播，不开沟，把种子直接撒在苗床上。播特小粒种子，播种前要轻轻压实泥土。

②播种　为了做到均匀播种和计划用种，播种前首先要计算播种量，按苗床数量等量分开，把种子的数量具体落实到每一个苗床。小粒和特小粒种子播种前应对播种沟或苗床

适当镇压，再将种子均匀地撒在播种沟内或苗床上。为避免出现先密后稀，可分数次播种。播种杨、柳等小粒种子，应用适量细沙或泥炭与种子均匀混合后再播。

③覆土　在播种后要立即覆土。覆土厚度是影响种子发芽的关键，要求覆土厚度适宜且均匀。覆土过薄，种子容易暴露，受风吹和日晒的影响，而得不到发芽所要求的水分，并且容易遭受鸟、兽、虫等危害；覆土过厚，土壤通气不良，土壤温度过低，不利于种子发芽。覆土厚度一般为种子直径的 2~3 倍。一般大中粒种子可用苗圃地原土覆盖。对于小粒种子，若床面土壤疏松细碎也可用原土覆盖。质地黏重的土壤，则多用过筛的细土覆盖。极小粒种子，无论质地如何，都要用过筛的细土覆盖。

④覆盖　就是用草类或其他物料遮盖播种地。其目的是防止地表板结，保蓄土壤中的水分，防止杂草生长，避免烈日照射、大风吹蚀和暴雨打击，调节地表温度，防止冻害和鸟害等。覆盖材料应就地取材，可用稻草、麦秆、草帘、松针、锯屑、谷壳等。要求覆盖物不易腐烂，不带杂草种子和病原、虫源。近年来，生产上采用地膜覆盖效果较理想。

⑤淋水　播种后淋透水，促进种子发芽。淋水要小心，防止种子溅出。

（2）管理维护

将种子播到地里，仅仅是育苗工作的开始，大量工作在于播种后的管理。俗话说"三分种，七分管"。在整个育苗过程中，要根据苗木的生长情况，开展一系列的抚育管理工作。

①揭盖　当幼苗大量出土时，应及时揭除覆盖物，以防止幼苗黄化弯曲，形成高脚苗。揭盖最好在傍晚或阴天进行，以免环境突变造成对幼芽的不良影响。覆盖物一般一次性揭除，也可分2~3次进行。培育大粒种子的苗木，可将覆盖物移至行间，以减少土壤水分蒸发，防止杂草滋生，直到幼苗生长发育健壮时，再行撤除。如用谷壳、松针、锯屑等细碎材料作覆盖物，对幼苗出土和生长影响不大，可不必揭除。

②遮阴　苗木幼苗期组织幼嫩，对炎热干旱等不良环境条件的抵抗能力较弱，在炎热的夏季，为避免烈日灼伤幼苗，必要时应采取遮阴措施，降低育苗地的地表温度，使苗木免遭日灼。

③间苗　目的是使苗木密度调整到适宜的密度，遵循"早间苗，迟定苗"原则。间苗的时间一般是在苗木幼苗期，分1~3次进行。大部分阔叶树种，如刺槐、臭椿、榆树等在幼苗长到5cm时即可间苗，尽量一次间完；大部分针叶树种，如落叶松、油松、侧柏、杉木等生长较慢，需间苗2~3次。间苗的原则是留优去劣，留疏去密。间苗对象为受病虫危害的、机械损伤的、生长不良的、过分密集的苗木。补苗可结合间苗进行，一边间苗，一边补苗，最好在阴雨天或傍晚进行。幼苗移植通常是将培养到约5cm高的幼苗全部移植到其他圃地上培养。

④中耕　目的在于破除板结的表土层，改善通气条件，切断土壤毛管孔隙，减少土壤水分的蒸发，因此中耕又称"无水的灌溉"。中耕与除草一般结合进行。中耕除草的次数应根据土壤、气候、杂草的蔓生程度决定，原则是"除早、除小、除了"。

⑤灌溉和排水　是调节土壤含水量，促进种子发芽和苗木生长，培育优质苗木的重要措施。在种子发芽和幼苗生长发育的过程中，需要大量水分。土壤中的矿质营养需要溶于水中，才能被苗木根系吸收；植物的蒸腾作用也需要大量水分。土壤积水过多，会使根系

形成无氧呼吸，造成根系腐烂。

⑥追肥　是在苗木生长发育期间，施用一些速效性肥料，以满足苗木对养分的大量需要所采取的措施。施肥的方法有土壤追肥和根外追肥两种。土壤追肥的方法有浇施、沟施和撒施3种。浇施是将肥料溶于水后浇入苗床，或随水灌入苗床。沟施是在播种行间开沟施肥后封沟；撒施是把肥料均匀撒于苗床，降雨或灌溉后随水渗入苗床。追肥后要浇水冲洗粘在苗木上的肥料，或用棍棒拨动苗木，使粘在苗木上的肥料落到苗床，避免产生"烧苗"现象。根外追肥又称叶面施肥，是在苗木生长期间，将速效性肥料的溶液喷在苗木茎叶上的施肥措施。

⑦截根　是采取人为措施截断苗木的主根。截根适用于主根发达，而侧根、须根较少的树种，如核桃、栎类、落叶松、油松等。通过截根可以控制主根生长，抑制主根生长优势，促进侧根和须根生长，从而增加根系吸收面积。同时，可抑制苗木地上部分生长，促进苗木木质化。截根还可使主根变短，便于起苗作业。因此，截根能提高苗木质量和苗木移植成活率。

截根的时间：1年生苗可在速生期到来之前进行，使苗木截根后有较长的生长期，以利侧根生长，过晚则影响苗木生长。2年生苗可在第一年的秋季高生长停止以后，土壤尚未冻结以前进行。截根深度根据截根时苗木主根长度确定。另外，可在播种时采取截断胚根的措施达到截根效果。

截根的工具：人工切根可采用截根铲，面积较大时，可用弓形起苗刀，但要取下抬土板。也可用锋利的铲子，在苗根一定距离处，与床面成45°角，斜切入土。截根后，应立即灌水，使松起的土壤及苗根落回原处(图2-3-4)。

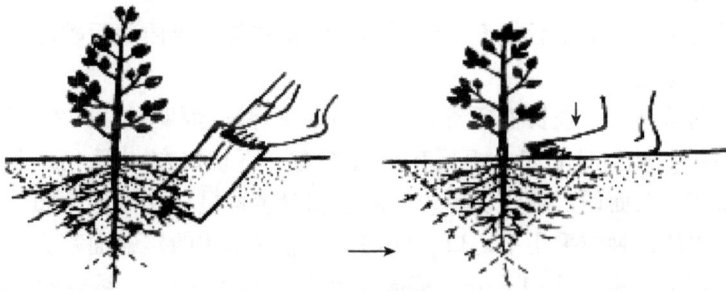

图2-3-4　截根示意

⑧病虫害防治　苗木在生长过程中，常常会遭受病虫危害。对苗木的病虫害，要贯彻"防重于治，综合防治"方针，对种子、芽条、种根、插穗、砧木等繁殖材料，要进行严格检疫，防止病虫害成灾。从提高育苗技术、加强管理措施入手，不断提高苗木质量，以增强抗病虫害能力，另外，一旦发现病虫害要及时进行防治。特别要强调的是，在幼苗期和速生期初期，对病害较多的植物，无论有无病害发生，都要定期(一般10d左右)喷洒杀菌剂或保护剂。苗木病虫害防治的具体方法参见相关专业书籍。

⑨防寒　应从两方面入手，一是提高苗木的抗寒能力；二是采取保护性防寒措施。可通过处理种子，对种子进行抗寒锻炼；适时早播，延长生长期，生长后期多施磷肥和钾肥，及时停止施用氮肥和灌溉，使幼苗在寒冬到来之前充分木质化，增强抗寒能力。对某

些停止生长较晚的树种，如榆、桑、刺槐等，在8月修剪嫩梢或截根，以促进木质化。保护性防寒措施包括苗木覆盖、设暖棚、设防风障、熏烟、涂白、窖藏等。

3.2.2　扦插育苗

扦插育苗是在一定的条件下，将植物营养器官的一部分(如根、茎、叶等)插入土、沙或其他基质中，培育成完整新植株的育苗方法。经过剪截用于扦插的材料称为插穗，用扦插繁殖所得的苗木称为扦插苗。

（1）扦插种类

植物扦插繁殖可分为枝插、根插、叶插等。在苗木的培育中，通常采用枝插。根据枝条的成熟度，枝插又可分为硬枝扦插与嫩枝扦插。

①硬枝扦插　是指利用已经完全木质化的枝条作插穗进行扦插，通常分为长穗插和单芽插两种。长穗插是用带两个以上芽的插穗进行扦插，单芽插是用仅带一个芽的插穗进行扦插。

②嫩枝扦插　是指在生长季节利用半木质化的枝条作为插穗进行扦插。嫩枝扦插多用全光照自动间歇喷雾或荫棚内塑料小棚扦插等，以保持适当的温度和湿度。扦插基质主要为疏松透气的蛭石、河沙等。嫩枝扦插多用于较难生根树种和难生根树种，少用于易生根树种和较易生根树种。

（2）插穗选择和剪截

①硬枝插穗的选择　一般从优良的幼龄母树上选择发育充实、已充分木质化的1~2年生枝条作为插穗。易生根的树种，采穗母树年龄可大些。常绿树种随采随插。落叶树种在秋季落叶后尽快采集，采条后如不立即扦插，应将枝条剪成插穗后贮藏，如低温贮藏处理、窖藏处理、沙藏处理等。

②硬枝插穗的剪截　一般长穗插条长15~20cm，保证插穗上有2~3个发育充实的芽。单芽插穗长3~5cm。剪切时上切口距顶芽1cm左右，下切口在节下1cm左右。下切口通常包括平切、斜切、双面切、踵状切等。一般平切口生根呈环状均匀分布，便于机械化截条，对于生根较快的树种应采用平切口；斜切口与插穗基质的接触面积大，可形成面积较大的愈伤组织，利于吸收水分和养分，提高成活率，但根多生于斜口的一端，易形成偏根，同时剪穗也较费工；双面切与基质的接触面积更大，在生根较难的植物上应用较多；踵状切即在插穗下端带2~3年生枝段，常用于针叶树。

③嫩枝插穗的选择　针叶树(如松、柏等)扦插以夏末剪取中上部半木质化的枝条较好。难生根的树种和较难生根的树种，从幼年母树或苗木上采半木质化的一级侧枝或基部萌芽枝作插穗。难生根的植物可以进行黄化处理或环剥、捆扎等处理。嫩枝插穗采条后应及时喷水或放入水中，保持插穗的水分。

④嫩枝插穗的剪截　枝条采回后，在阴凉背风处进行剪截。插穗一般长10~15cm，带2~3个芽，保留叶片的数量可根据植物种类与扦插方法确定。

（3）扦插基质

目前生产上最常用的固态基质包括河沙、蛭石、珍珠岩、石英砂、炉灰渣、泥炭、苔藓、泡沫塑料等。以土壤作为扦插基质时需掺入上述基质改善土壤的通气条件；液态基质包括水和营养液，常用于易生根的树种，由于液插易腐烂，一般应慎用；气态基质是指把空气变成水汽迷雾状态，将插穗置于雾气中，雾插的插穗一般在高温、高湿的条件下生根，因此炼苗成为雾插成活的重要环节之一。在露地进行扦插时，通常选用排水良好的砂质壤土。

（4）消毒处理

插穗下切口易腐烂，需采取综合措施加以预防。一是选择通气透水性好的基质；二是做好基质和插穗消毒；三是扦插后加强管理。对基质进行消毒，可在扦插前 1~2d，用 0.5%的高锰酸钾溶液或 2%~3%的硫酸亚铁溶液、稀释 800 倍的多菌灵溶液等喷淋处理，并用塑料薄膜覆盖，也可将插穗放到相同浓度的上述药物溶液中浸泡 10~20min 进行消毒。

（5）催根处理

催根处理是提高扦插成活率的有效手段，常用的催根处理方法包括生长素处理、生根促进剂处理、洗脱处理、化学药剂处理、增温处理、黄化处理、机械处理等。常用的生长素包括萘乙酸（NAA）、吲哚乙酸（IAA）、吲哚丁酸（IBA）、2,4-D 等。目前使用较为广泛的生根促进剂有中国林业科学研究院研制的 ABT 生根粉系列、华中农业大学研制的广谱性植物生根剂 HL-43；昆明市园林科学研究所研制的 3A 系列促根粉等。洗脱处理不仅能降低枝条内抑制物质的含量，同时还能增加枝条内水分的含量，一般有温水处理、流水处理、酒精处理等。营养处理主要用维生素、糖类及其他氮素处理插条，如用 5%~10%的蔗糖溶液处理雪松、龙柏、水杉等树种的插穗 12~24h，促进生根效果显著。有些化学药剂也能有效促进插条生根，如醋酸、磷酸、高锰酸钾、硫酸锰、硫酸镁等。如生产中用 0.1%的醋酸水溶液浸泡卫矛、丁香等插条，能显著促进生根。再如用 0.05%~0.1%的高锰酸钾溶液浸泡插穗 12h，除能促进生根外，还能抑制细菌，起消毒作用。增温处理是在插床内铺设电热线或在插床内放入生马粪等措施来提高地温，促进生根。黄化处理是用黑色塑料袋将要作插穗的枝条罩住，使其在黑暗的条件下生长，形成较幼嫩的组织，待其枝叶长到一定程度后，剪下进行扦插。机械处理是在树木生长季节，将枝条基部环剥、刻伤或用铁丝、麻绳、尼龙绳等捆扎，阻止枝条上部的碳水化合物和生长素向下运输，使枝条内贮存丰富的养分。休眠期再将枝条剪下扦插，能显著促进生根。

（6）扦插

硬枝扦插春、秋两季均可，以春季扦插为主。春季扦插宜选树木萌芽前进行。秋季扦插应在秋梢停止生长后进行。落叶树待落叶后进行扦插。嫩枝扦插一般在生长季进行，又以夏初最适宜。根据扦插基质、插穗状态和催根情况等，分别采用直接插入法、开缝插入法、锥孔插入法或开沟浅插封垄法等，将插穗插入基质。

（7）扦插后期管理

一般扦插后应立即灌一次透水，注意经常保持基质和空气的湿度。带叶插穗露地扦插要搭荫棚遮阴降温，同时每天喷水，以保持湿度。插条上若带有花芽应及早摘除。插条成活后萌芽条长到 5~10cm 时，选留一个粗壮的枝条，其余抹去。

为提高扦插育苗成活率，有条件者可采用全光雾扦插技术。在不遮光的条件下，采用自动间歇喷雾设备，维持较高的空气湿度，保持插穗水分。条件不具备时，可采用塑料棚插床，保持扦插微环境的空气湿度。

3.2.3 嫁接育苗

嫁接是指将一种植物的枝或芽接到另一种植物的茎（枝）或根上，使之愈合生长在一起，形成一个独立植株的繁殖方法。供嫁接用的枝、芽称接穗或接芽；承受接穗或接芽的植株（根株、根段或枝段）称为砧木。用一段枝条作接穗的称为枝接，用芽作接穗的称为芽接。通过嫁接繁殖所得的苗木称为嫁接苗。

3.2.3.1 影响嫁接成活的因素

影响嫁接成活的主要因素包括砧木和接穗的亲和力、砧木和接穗质量、外界条件及嫁接技术等方面。亲和力是指砧木和接穗在结构、生理和遗传特性上，彼此相似的程度和互相结合在一起的能力。亲和力与树木亲缘关系有关。一般规律是亲缘关系越近，亲和力越强。同种和同品种之间嫁接亲和力最强，同属不同树种之间亲和力次之，不同科和不同属树种之间亲和力较弱；一般来说，砧木和接穗生长健壮，生活力强，体内营养物质丰富，生长旺盛，形成层细胞分裂活跃，嫁接容易成活；如果砧木萌动比接穗稍早，可及时供应接穗所需的养分和水分，嫁接易成活；如果接穗萌动比砧木早，则可能因得不到砧木供应的水分和养分"饥饿"而死；如果接穗萌动太晚，砧木溢出的液体太多，又可能"淹死"接穗。有些种类，如柿树、核桃富含单宁，切面易形成单宁氧化隔离层，阻碍愈合；松类富含松脂，处理不当也会影响愈合。一般来说，植物在25℃左右嫁接最适宜，但不同物候期的植物，对温度的要求也不一样。物候期早的比物候期迟的适宜温度要低一些，如桃、杏在20~25℃最适宜，而山茶则在26~30℃最适宜；保持接穗的生活力还需一定的空气湿度，空气干燥会影响愈伤组织的形成和造成接穗失水干枯；黑暗条件有利于愈伤组织的形成，嫁接后遮光有利于成活。在嫁接操作中，要求遵循"平、快、准、紧、湿"原则。"平"是指接穗和砧木的削面要平直、光滑，一刀削成。如果削面不平，砧木和接穗之间缝隙大，两者形成的愈伤组织难以接触或不能密切接触，则嫁接难以成活。即使成活，也会生长不良。嫁接刀是否锋利，影响削面的切削质量。"快"是指嫁接速度快，避免削面风干或氧化变色，从而提高成活率。"准"是指砧木与接穗的形成层对齐，使形成层形成的愈伤组织能很快密切接触。仙人掌类植物嫁接应使接穗与砧木的维管束相接。"紧"是指绑扎紧，使砧木与接穗密切接触，减小缝隙。"湿"是指保持接口和接穗的湿润，以维持接穗生活力和利于接口形成层产生愈伤组织。

3.2.3.2 嫁接技术

（1）选择砧木

选择砧木应考虑以下几个方面：①与接穗亲和力强；②对接穗的生长和开花有良好的影响，并且生长健壮、丰产、花艳、寿命长；③适应栽培地区的环境条件；④材料来源丰富，容易繁殖；⑤病虫害抵抗力强。砧木选定后，提前0.5~3年播种育苗或扦插育苗，培育过程中，除常规的管理措施外，还应通过摘心等措施，促进砧木苗地径增粗。同时及早摘除嫁接部位的分枝，以便于嫁接操作。

（2）选择嫁接时期

枝接春季和秋季均可嫁接，以春季最好。南方春季嫁接宜早，秋季嫁接宜迟；北方春季嫁接宜迟，秋季嫁接宜早。芽接生长季节均可进行，以初夏最理想。单宁含量高的植物应在单宁含量较低的季节嫁接；伤流多的植物应在伤流较少的季节嫁接。仙人掌类5~6月是嫁接的适宜时期。

（3）采集接穗

选品种优良纯正，生长健壮，观赏价值或经济价值高，无病虫害的成年树作为采穗母树。一般选择树冠外围中、上部生长充实、芽体饱满的新梢或1年生粗壮枝条。夏季采集穗，应立即去掉叶片(只保留叶柄)和生长不充实的梢部，并及时用湿布包裹，以减少水分蒸发。取回的接穗不能及时使用时，可将枝条下部浸入水中，放在阴凉处，每天换水1~2次，可短期保存4~5d。

落叶树春季嫁接，穗条的采集一般结合冬剪进行。采集的枝条包好后吊在井中或放入窖内沙藏，若能用冰箱或冷库在5℃左右的低温下贮藏则更好。常绿树春季嫁接，在春季树木萌芽前1~2周随采随接。其他时间嫁接随采随接。

（4）嫁接

①枝接　一般在树木休眠期进行，特别是在春季砧木树液开始流动，接穗尚未萌芽的时期最好。板栗、核桃、柿等单宁含量多的树种，展叶后嫁接较好。枝接的优点是嫁接后苗木生长快，健壮整齐，当年即可成苗，但需要接穗数量大，可供嫁接时间较短。枝接常用的方法包括劈接、切接、腹接和插皮接等。

劈接：接穗基部削成两个长度相等的楔形削面，削面长约3cm，外侧稍厚于内侧。将砧木在嫁接部位剪断或锯断，削平切口后，用劈刀在砧木中心纵劈一刀，深3~4cm。用劈刀将切口撬开，插入接穗，厚侧在外，薄侧向里，并使接穗的外侧形成层与砧木的形成层对准，接穗削面上端微露，然后用薄膜条将所有的伤口全都包严，以防失水过多影响成活。较粗的砧木可以同时接入两个接穗，以有利于伤口的愈合(图2-3-5)。

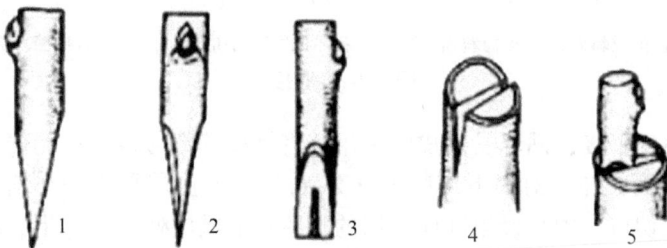

1. 接穗正面；2. 侧面；3. 反面；4. 砧木劈口；5. 插入
图2-3-5　劈接

切接：接穗长5~8cm，有2~3个饱满芽，过长的接穗萌芽后生长势较弱。将接穗基部削成一长一短两个削面，长削面长2~3cm，与顶芽同侧，对面的短削面长1cm左右。砧木在距地面5~8cm平滑处剪断，削平截面后，选皮层平整光滑面由截口稍带木质部处垂直向下纵切2~3cm，长削面向里插入接穗，砧穗形成层对准，用薄膜条等绑缚即可(图2-3-6)。

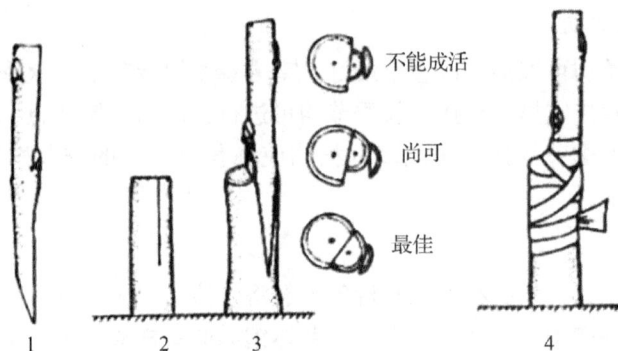

1. 削接穗；2. 劈砧木；3. 形成层对准；4. 绑缚

图 2-3-6　切接

腹接：又称腰接，即砧木腹部的枝接。砧木不在嫁接口处剪截，或仅剪去顶梢，待成活后再剪除上部枝条。接穗留 2～3 个芽，与顶端芽的同侧做长削面，长 2～2.5cm，对侧作短削面，长 1.0～1.5cm，类似于切接接穗的削面。在砧木嫁接部位，选择平滑面，自上向下斜切一刀，切口与砧木约成 45°角，深达木质部，约为砧木直径的 1/3，将接穗长削面与砧木内切面的形成层对准插入切口，用薄膜条绑缚嫁接口即可（图 2-3-7）。

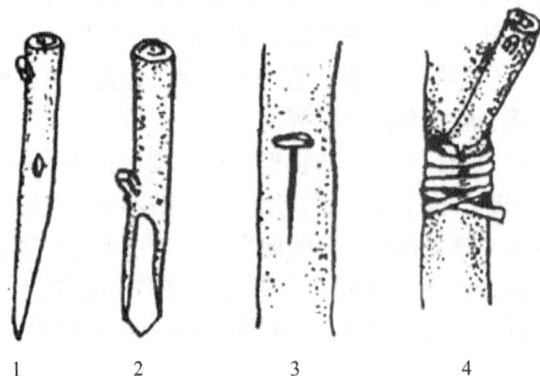

1. 接穗削成斜面；2. 接穗斜面背部；3. 砧木的"丁"字形切口；4. 插入接穗并绑缚

图 2-3-7　腹接

插皮接：又称皮下接，砧木易离皮时采用。将接穗基部与顶端芽同侧的一面削成长约 3cm 的单面舌状削面，在其对面下部削去 0.2～0.3cm 的皮层形成一小斜面。将砧木在嫁接部位剪断，削平切口，用与接穗削面近似的竹签自形成层处垂直插下，取出竹签后插入刚削好的接穗，接穗的削面应微露，然后用薄膜条绑缚（图 2-3-8）。

②芽接　用生长充实的当年生发育枝上的饱满芽作为接穗，于春、夏、秋季皮层容易剥离时嫁接，其中初夏是主要时期。芽接的优点是节省接穗、对砧木粗度要求不高、易掌握、成活率高。根据取芽的形状和结合方式不同，芽接的具体方法有"T"字形芽接法、嵌芽接、方块芽接、环状芽接等。

"T"字形芽接：又称盾状芽接或"T"字形芽接，在砧木和接穗均离皮时进行。剪取当年生新梢，用手或修枝剪去除叶身，仅留叶柄。接穗上端向上，手持接穗，先在芽上方

0.5cm 左右处横切一刀，将 1/3 以上接穗皮层完全切断，然后在芽下方 1~2cm 处下刀，略倾斜向上推削到横切口，用手捏住芽两侧，左右轻摇掰下芽片。芽片长度为 1.5~2.5cm，宽 0.6~0.8cm，不带木质部。芽体处于芽片正中略靠上。将砧木离地 3~5cm 处切开"T"字形切口，纵切口应短于芽片，宽度应略宽于芽片，用芽接刀柄拨开皮层，插入芽，芽片的上端对准砧木横切口，切忌留有空隙或与砧木皮层重叠。接芽插入后用薄膜条从下向上绑紧，使芽片的上切口与砧木的横切口更好地紧密接触，但要求芽眼和叶柄露出（图 2-3-9）。

嵌芽接：是带木质部芽接的一种方法，在砧木和接穗不离皮时进行。接穗上端向下，手持接穗，先在接穗的芽上方 0.8~1.0cm 处向下斜切一刀，长约 1.5cm，然后在芽下方 0.5~

1. 接穗处理；2. 砧木处理；3. 插接穗；
4. 用塑料布封口；5. 绑缚

图 2-3-8 插皮接

0.8cm 处斜切成 30°角到第一刀口底部，取下带木质部芽片。芽片长 1.5~2.0cm。按照芽片大小，在砧木上由上向下切一切口，切口比芽片稍长，将芽片嵌入切口中，注意芽片上端必须微露出砧木皮层，以利于愈合。尽量使接穗形成层下部和两侧与砧木对齐，若砧木和接穗的粗度不一致，至少一侧要对齐，最后用薄膜条从上向下绑缚，使芽片的下切口与砧木的下切口更好地紧密接触（图 2-3-10）。

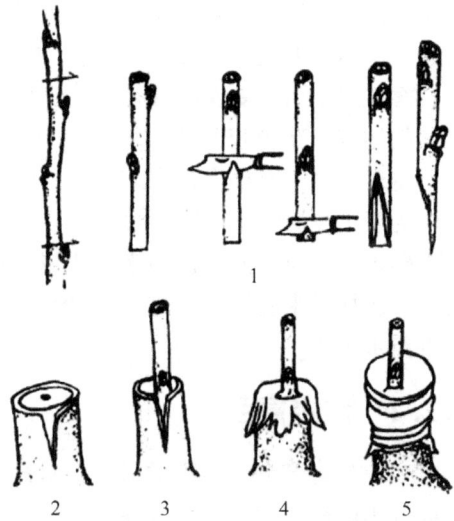

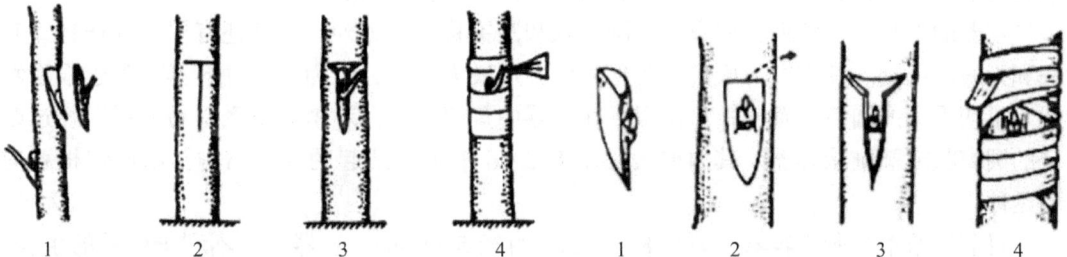

1. 取芽；2. 切砧；3. 装芽片；4. 绑缚

图 2-3-9 "T"字形芽接

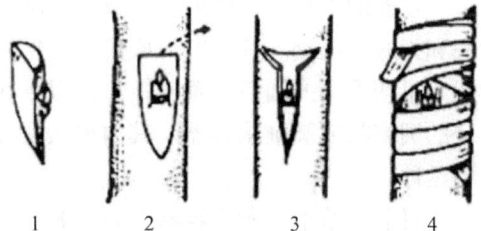

1. 削芽；2. 削砧木切口；3. 插入接芽；4. 绑缚

图 2-3-10 嵌芽接

（5）嫁接后期管理

后期管理包括检查成活、解除绑缚物、补接、剪砧、抹芽、除萌、立支柱等。枝接和根接一般在接后 1 个月进行成活率的检查，成活后接穗上的芽新鲜、饱满，甚至已经萌发生长，未成活则接穗干枯或变黑腐烂。芽接一般半个月可进行成活率的检查，成活者的叶柄一触即落，芽体与芽片呈新鲜状态，未成活则芽片干枯变黑。如发现绑缚物太紧，要松绑，以免影响接穗的发育和生长，当新芽长至 2~3cm 时，可全部解除绑缚物，但生长快的树种，枝接最好在新梢长到 20~30cm 时解绑，过早解绑，接口仍有被风吹干，造成死亡的可能；嫁接未成活应及时进行补接；嫁接成活后要及时在接口上方断砧，以促进接穗

的生长。一般树种大多可采用一次剪砧，即在嫁接成活
后将砧木从接口上方1cm处剪去，剪口要平，以利愈
合；嫁接成活后，要及时抹掉砧木上的萌芽和根蘖；在
风大的地方，新梢长到5~8cm时，应紧贴砧木立一支
柱，将新梢绑于支柱上（图2-3-11）。在生产上，此项工
作较为费工，通常采用降低接口、在新梢基部培土、嫁
接于砧木的主风方向等措施来防止或减轻风折。嫁接成
活后，应加强水肥管理，进行松土除草和防治病虫害，
促进苗木生长。

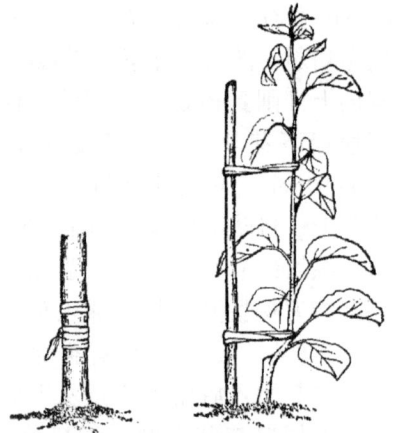

图2-3-11　扦插成活示意

3.2.4　容器育苗

在装有营养土的容器里培育苗木称为容器育苗。用
这种方法培育的苗木称为容器苗。目前此法不仅能在露地培育，而且在温室或塑料大棚内
也能培育。

（1）容器的种类与规格

国内研制和应用的育苗容器种类很多，分为能和苗木一起植入土中的容器和不能与苗
木一同植入土中的容器两类。第一类容器，制作材料能够在土壤中被水和植物根系分散，
并被微生物分解。如纸张制造的营养袋、营养杯，泥土制作的营养钵（杯）、营养砖，用竹
编制的营养篮（竹篓）等。第二类容器，制作材料不易被水、植物根系分散和被微生物分
解。例如，无毒塑料薄膜制作的营养袋，硬塑料制作的塑料营养桶，多孔聚苯乙烯（泡沫
塑料）制作的营养砖等，栽植时要先将容器去掉，再进行栽植。

容器的形状有六角形、四方形、圆筒状和圆锥状等。另外，容器还有单杯和连杯、有
底和无底之区别。其中以无底的六角形和四方形最为理想，因为这两种容器有利于根系舒
展。早期采用的圆筒状营养杯易使根系在容器中盘旋成团，栽植后根系不易伸展。经过改
良的圆筒状或圆锥状容器，其内壁表面附有2~6个垂直凸起的棱状结构，以便使根系向
下延伸。

目前幼苗培育所用容器一般高8~25cm，直径5~15cm。容器太小不利于根系的生长；
容器太大需培养土较多，导致重量加大，给运输带来不便，育苗、栽植费用高。故当前各
国仍在探索保证栽植成效所允许的最小容器规格。

（2）容器育苗技术

①营养土配制　容器育苗常用于配制营养土的材料包括腐殖质土、泥炭土、山地土、
稻壳、碎树皮、锯末、蛭石和珍珠岩粉等。其中以腐殖质土最好，泥炭土、稻壳、蛭石和
珍珠岩粉也较优。但在大量育苗的情况下，营养土需求量大，材料来源可能不足，故常与
山地土、黄土混合制成营养土。生产中有时甚至用黄土作为配制基质的主要材料，加入适
量的化肥或有机肥制成营养土。

②装袋　是指在容器中填装营养土。装袋时要震实营养土，以防灌水后下沉过多。容
器育苗灌水后土面一般要低于容器边口1cm，防止灌水溢出容器。

③置床　是指将装有营养土的容器整齐排列成苗床。一般床宽约 1m，长度因地形而定。在容器的下面布设砖块和水泥板做成的下垫面，以防止苗木的根系穿透容器，长入土地中。苗床周围用砖块围上或培土，以防容器翻倒。容器与容器之间的孔隙不必填充。装袋和置床是结合进行的，将营养土运到育苗地，装一个顺手排放好一个。在大棚内育苗，将容器排放在容器架上。容器架上下两层应相隔 1m，保证光照条件。

④消毒　置床后应做好消毒工作，严防病虫害。用多菌灵 800 倍液或 2%~3% 硫酸亚铁水溶液等喷洒，浇透营养土。如果有地下害虫，用 50% 辛硫磷乳油制成药饵进行诱杀。

⑤移苗或播种、扦插　移苗又称上杯，当小苗长到 3~5cm 时移入容器中培育。小苗培育阶段的播种及管理与播种育苗相同。移苗是目前容器育苗常用的方式，特别适合小粒和特小粒种子的容器育苗；也可在容器中直接进行播种和扦插。

⑥容器苗管理　容器育苗的管理措施主要包括灌溉、遮阴、盖膜、施肥、病虫防治等。

3.2.5　塑料大棚育苗

塑料大棚又称塑料温室，是用塑料作覆盖材料的温室。所用材料可以是塑料薄膜，也可以是塑料板材或是硬质塑料。在塑料大棚内进行育苗称塑料大棚育苗，又称塑料温室育苗。

塑料大棚育苗的优点主要包括：能增温增湿，延长苗木的生长期；便于进行环境条件的控制，利于苗木生长；便于运用新技术；利于工厂化育苗。塑料大棚育苗的缺点主要包括：随着塑料大棚使用时间延长，塑料的老化、硬化、透明度降低等问题也会随之而来；通风换气条件较差，比其他类型的温室容易感染各种病虫害，如白粉病、介壳虫等。

3.2.6　苗木移植

苗木移植是指苗木从原育苗地按照一定的株行距移栽到新育苗地继续培育的方法，也称换床。经过移植的苗木称为移植苗。苗木移植利于苗木生长；利于培育出根系紧凑集中的优质苗木；利于培育出规格整齐、树姿优美的苗木；节约用地，节省用工，便于管理，提高土地利用率。

（1）移植次数

培育大规格苗木要经过多年多次的移植。移植次数取决于树种的生长速度和园林绿化对苗木规格的要求。树种生长速度快或对苗木规格要求低，移植次数就少；反之，若树种生长慢或对苗木规格要求高，则移植次数就多。一般园林绿化的阔叶树种，苗龄满 1 年后进行移植，培育 2~3 年后，苗龄达 3~4 年，即可出圃。若对苗木规格要求更高，则要求进行 2~3 次移植，移植间隔通常为 2~3 年。对于生长缓慢的树种，苗龄满 2 年后进行移植，以后每隔 3~5 年移植一次，苗龄达 8~10 年，甚至更长时间方可出圃。采用设施栽培密集扦插的扦插苗，扦插成活，根系发育好后即进行第 1 次移植，移植次数比上述移植多1 次。

（2）移植密度

移植密度主要取决于苗木生长速度、气候条件、土壤肥力、苗木年龄、培育年限以及机械作业水平等。总的原则是在保证苗木有足够营养面积的前提下，尽量合理密植，以提高产苗量，充分利用土地，减少抚育成本。

苗木培育目的不同，移植密度不同。在群体发育的条件下，树木为了争夺阳光和生长空间而向上生长，使树干高而挺拔；如果栽植密度过小，就会使树木侧枝生长旺盛，导致树冠加大，树干容易弯曲，有的树种在种植密度过小的情况下甚至容易发生病虫害。因此，若以养干为主要目的的应密植，以养冠为主要目的则要求适当稀植。

另外，也可根据移植年限确定密度。生长快的树种移植第1年稍稀，第2年密度适宜，第3年经修枝仍能维持1年，第4年出圃。生长慢的树种，第1年稍稀，第2年适宜，第3~4年郁闭，第5~6年移植，再培育2~3年出圃。

苗木移植的密度通常可根据移植3~4年后苗木冠幅的生长量确定。阔叶树可考虑3年的生长量，常绿树可考虑4年的生长量。即根据苗木的生长速率，预测3~4年后苗木的冠幅，以行距加20cm、株距加10cm确定移植的株行距。例如，圆柏1年生播种苗可留床保养1年再移植。根据该树种树冠生长速率，4年后可生长到50cm左右，再留出行间耕作空间20cm，株间耕作空间10cm，移植株行距可定为60cm×70cm。这样，耕作的宽度加大，操作方便，到第4年稍感拥挤时进行下一次移植。若再过4年树冠可长至100cm，移植株行距可定为110cm×120cm，再长再移植。又如，2年生元宝槭留床苗，3年后树冠生长到120cm，移植株行距可定为130cm×140cm；再过3年树冠长至230cm，故最后一次移植株行距可定为240cm×250cm。

（3）移植时期

我国地域辽阔，树种繁多，从南到北、从东到西，自然条件相差悬殊，各地适宜的移植季节和具体时间有较大的差异。根据树木成活的原理，适宜的移植季节和时间应满足树木保湿和愈合生根的温度和水分条件。因此，一般而言，春季和秋季是移植的适宜季节。但随着科学技术不断发展，只要条件允许，可以在任何时候进行移植。

（4）移植方法

①穴植法　即按一定株行距定点挖坑栽植的方法，适用于大苗移植。在土壤条件允许的情况下，采用挖坑机挖穴可以大幅提高工作效率。栽植穴的直径和深度应大于苗木的根系。栽植深度以略深于原土印为宜，一般可略深2~5cm。回填时混入适量的底肥，然后填一部分肥土，将苗木放入坑内，再回填部分肥土，之后轻轻向上提一下苗，踩实松土，再填满肥土，浇足水。移栽后，较大苗木要设立支架固定，以防苗木被风吹倒。

②沟植法　先按一定行距开沟，深度应略大于苗根深度，再按株距把苗木放于沟中栽植。栽植时要使苗木根系舒展，严防根系卷曲和窝根。栽植深度一般比原土印深2~3cm。栽植后要及时灌透水，2~3d后再灌一次，并要及时进行中耕。此法一般适用于移植小苗。

③孔植法（缝植法）　先按一定的株行距画线定点，然后在点上用打孔器打孔（缝），深度比苗根稍深一点，把苗放入孔中，而后压实土壤。此法简单易行，工效高，但苗根容易变形。孔植法适用于小苗移植。孔植法最好选择专用的打孔机，可提高工作效率。

无论采用以上哪种方法，都要使苗根舒展，深浅适宜，不能有卷曲和窝根现象，栽植深度一般应比原来的土印略深，以免灌水后土壤下沉而露出根系。栽植覆土后踏实松土，使根土密接。从起苗到栽植，要注意苗根湿润，未栽的苗木应选择阴凉处假植。

（5）移植苗抚育

移植苗能否成活关键在于苗木体内水分能否保持平衡，适时适量灌水是提高移植成活率的关键。所以，移植后要根据土壤湿度及时浇水。由于苗木是新土定植，灌水后苗木容易倒伏，等水下渗后要及时扶苗，或采取一定措施固定，并且回土。必要时对苗木进行遮阴，保证移植成活。移植成活后要进行中耕除草、灌溉、施肥、防治病虫害和防寒，做法与留床苗的抚育管理方法相同。另外，移植后应进行整形修剪，以培养良好的树形。

3.2.7　苗木出圃

苗木经过一定时期的培育，达到造林绿化要求的规格时即可出圃。苗木出圃是育苗作业的最后一道工序，主要包括起苗、分级统计、假植、包装运输和检疫消毒等。

（1）起苗

起苗又称掘苗。起苗作业质量对苗木的产量、质量和栽植成活率有很大影响，必须重视起苗环节，确保苗木质量。

①起苗时间　起苗时间应与栽植季节相适应，考虑当地气候特点、土壤条件、树种特性（发芽早晚、越冬假植难易）等。春季是最适宜的植树季节。针叶树、常绿阔叶树以及不适于长期假植的根部含水量较高的落叶阔叶树（如榆树、泡桐、槭树等）适宜春季起苗，随起苗随栽植；常绿针叶树可在雨季起苗，随起苗随栽植。多数树种，尤其是落叶树可秋季起苗，春季发芽早的树种（如落叶松）应在秋季起苗。秋季起苗一般在地上部分停止生长开始落叶时进行。起苗的顺序可按栽植需要和树种特性进行合理安排，一般是先起落叶早的（如杨树），后起落叶晚的（如落叶松等）。起苗后可行栽植，也可假植。

②起苗方法

裸根起苗：适用于落叶树大苗、小苗和常绿树小苗的起苗。大苗裸根起苗要单株挖掘。挖苗前先将树冠拢起，防止碰断侧枝和主梢。然后以树干为中心按要求的根幅画圆，在圆圈外挖沟，切断侧根。挖到一半深时逐渐向内缩小根幅，挖至要求的深度时缩小至根幅的2/3，使土球呈扁圆柱形。达到深度要求时将苗木向一侧推倒，切断主根，振落泥土，将苗取出，并修剪劈裂和过长的根系。小苗裸根起苗沿着苗行方向，距苗行20cm处挖一条沟，沟的深度应稍深于要求的起苗深度，在沟壁下部挖出斜槽，按要求的起苗深度切断苗根，再从苗行中间插入铁锹，把苗木推倒在沟中，取出苗木。

带土球起苗：适用于常绿树、珍贵树木的大苗和较大花灌木的起苗。挖苗前先将树冠拢起，防止碰断侧枝和主梢。然后以树干为中心按要求的根幅画圆，在圆圈外挖沟，切断侧根。挖到一半深时逐渐向内缩小根幅，挖至要求的深度时缩小至根幅的2/3，使土球呈扁圆柱形。达到要求的深度后用草帘或草绳包裹好，将苗木向一侧推倒，切断主根，将苗取出。

冰坨起苗：东北地区可利用冬季土壤结冻层深的特点进行冰坨起苗。冰坨起苗的做法与带土球起苗大体相同。在入冬土壤结冻前进行，先按要求挖好土球，挖至要求的深度时暂不取出，待土壤结冻后再截断主根将苗取出。冰坨起苗，路途不远时可不包装。

机械起苗：目前，北方地区尤其东北有条件的大中型苗圃多采用机械起苗。一般由拖拉机牵引床式或垄式起苗犁起苗，不仅起苗效率高，节省劳动力，减轻劳动强度，而且起苗质量好，成本低。

（2）包装运输

①苗木包装　造林绿化所用裸根苗多采用浆根的方法包装，长距离运输（如1d以上），要求细致包装，以防苗根干燥。生产上常用的包装材料有草包、草片、蒲包、麻袋、塑料袋等。包装技术可分包装机包装和手工包装。先将湿润物（如苔藓、湿稻草和麦秸等）放在包装材料上，然后将苗木根对根地放在上面，并在根系间加些湿润物，如此放苗至适宜的重量后（20~30kg），将苗木卷成捆，用绳子捆紧。在每捆苗上挂标签，标明树种、苗龄、苗木数量、等级和苗圃名称。

短距离运输时，可在筐底或车上放一层湿润物，将苗木根对根地分层放在湿润物上，分层交替堆放，最后在苗木上再放一层湿润物即可。用包装机包装也要加湿润物，保护苗根不致干燥。

在南方，常用浆根代替小苗的包装。做法是：在苗圃挖一小坑，铲出表土，将心土（黄泥土）挖碎，灌水拌成泥浆，泥浆中可放入适量的化肥或生根促进剂等。事先将苗木捆成捆，将根部放入泥坑中蘸上泥浆即可。裸根大苗最好先浆根，然后包扎成捆。

英国、瑞典、美国、加拿大等国家使用特制的冷藏车运输裸根苗。例如，美国的冷藏运苗车，车内温度为10℃，空气相对湿度为100%，一次可运苗6万株。

带土球的大苗应单株包装。一般可用蒲包和草绳包装，大树最好采用板箱式包装。小土球和近距离运输可用简易的四瓣包扎法，即将土球放入蒲包或草片上，拎起四角包好。大土球和较远距离的运输，可采用橘子式、"井"字式、五角式等方法包扎。

②苗木运输　苗木运输也是影响苗木成活的重要环节，运苗过程常易导致苗木根系吹干和枝干、根皮磨损，因此应注意保护，尤其长途运苗时更应注意保护。实践证明"随掘、随运、随栽"对苗木成活率非常重要。苗木运输分苗木装车、途中管理和苗木卸车3个环节。

苗木装车：装土的方式通常分为下面两种情况：

——装运裸根苗：要尽量开到靠近起苗的地方，先在车厢内垫一层稻草、苔藓或蒲包等轻质材料，在其上洒一点水；装运乔木时应树根朝前，树梢向后，顺序码放；车厢应铺垫草袋、蒲包等物，以防碰伤树皮；树梢不得拖地，必要时要用绳子吊起来，捆绳子的地方需用蒲包垫上；装车不要超高（总高度不超过4m），不要压太紧；装完后用苫布将树根盖严捆好，以防树根失水。

——装运带土球苗：1.5m以下苗木可以立装，高大的苗木必须放倒，土球向前，树梢向后并用木架将树头架稳；土球直径大于60cm的苗木只装一层，小土球可以码放2~3层，土球之间必须码放紧密以防摇摆；土球上不准站人和放置重物；车厢应铺垫草袋、蒲包等物，以防碰伤树皮。

途中管理：押运人要与司机配合好，经常检查苫布是否漏风。短途运苗途中不要休息。长途行车必要时应洒水浸湿树根，休息时应选择阴凉之处停车，防止风吹日晒。

苗木卸车：苗木运达目的地后应及时卸车。卸车时，先将车厢挡板打开，可两人配合，一人站在车缘边，另一人站在车下，由上至下、由外向内依次进行，要轻拿轻放，带土球苗 40cm 以下者可直接搬运，但一定要搬土球轻轻放下，不得强行提拉树干。50cm 以上的土球苗可打开箱板，放上木板，从板上滑下，车上人拉住树干，车下人托住土球推树慢慢滑下，但绝不可滚动土球。如土球直径超过 80cm，最好用起重机卸车，若人工卸车，应先用绳索将土球网住，多人配合将土球滑下车箱。

3.3　教学指南

3.3.1　教学方法说明

以学生的职业能力为中心，以职业活动为导向，突出能力目标，以学生为主体，以项目任务为载体，紧密结合林业行业标准、林木种苗培育与管理岗位能力要求，以实际工作任务构建教学内容，创造基于工作过程的教学环境，实行教、学、做一体化，实践、理论一体化教学。

组织学生到苗圃进行生产区和非生产区区划，模拟新建苗圃施工程序。课堂室内教学的同时，在生产季节组织学生到苗圃进行播种育苗、扦插育苗、嫁接育苗、容器育苗、苗木移植等。

（1）现场教学

苗木生产季节带领学生到实习苗圃，让学生首先对苗圃的功能分区有整体印象，然后提出问题、分析问题、解决问题，进行实训操作。

问题 1：播种繁殖、扦插繁殖、嫁接繁殖各有何优缺点？

问题 2：苗木移植的必要性是什么？有哪些注意事项？

问题 3：苗木出圃和运输的注意事项有哪些？

（2）课堂教学

坚持任务驱动教学原则，从职业岗位出发，以学生为主，每个任务都有教师讲授基本知识、教师演示操作方法、学生亲手操作、成果展示、同学互评、教师点评等环节，进一步夯实学生的基本技能，同时让学生感受林木种苗生产和运输的实用性和科学性。

3.3.2　教学练习总结

简介：主要讲授苗圃地建立、播种繁殖、扦插繁殖、嫁接繁殖、容器育苗、苗木出圃、苗木运输等内容	目的：了解苗圃建立的有关知识，学习播种繁殖、扦插繁殖、嫁接繁殖、容器育苗等常见育苗方法，掌握苗木出圃、苗木运输的要求	步骤：课程介绍，集体讨论，理论培训，苗圃地考察，动手实践，总结	培训对象：村民、学员
培训教师：林业技术推广员	地点：苗圃地、会议室	时间：6h	培训人数：10~20人

3.3.3 教学过程设计

时间	目的	内容	材料
30min	课前准备	学员见面，简单说明课程内容以及时间安排	无
30min	活跃气氛，小组讨论	讨论播种繁殖、扦插繁殖、嫁接繁殖的优缺点，苗木移植的必要性，苗木出圃和运输的必要性，提出疑问并记录	黑板、教材、纸、笔
60min	理论学习	学习播种繁殖、扦插繁殖、嫁接繁殖、容器育苗常见育苗方法，学习苗木出圃、苗木运输的要求，并了解不同育苗方法的适用范围，能够结合实际选择正确的方式和方法	教材、纸、笔、课件
90min	实地勘察，选择正确的育苗方法并实践	带领学生到实习苗圃，了解苗圃的功能分区，结合所学理论，指出播种繁殖、扦插繁殖、嫁接繁殖、容器育苗的优缺点，并给出正确的实施方法，完成实践	播种工具、嫁接工具、纸、笔
30min	总结	回答学生提问，对本单元进行总结，对学生学习到新的技术表示祝贺	教材、纸、笔

◇ **思考题**

1. 简述苗圃整地的方法。
2. 简述播种育苗的过程。
3. 试比较播种育苗、容器育苗、扦插育苗的特点。
4. 简述容器育苗的主要过程。
5. 简述嫁接的主要过程。
6. 简述苗木移植的注意事项。
7. 简述苗木在运输中要注意的问题。

◇ **推荐阅读**

1. 森林培育学(第3版)，翟明普、沈国舫，中国林业出版社，2016.
2. 林木种苗生产技术(第2版)，邹学忠、钱拴提，中国林业出版社，2014.

单元4 造林地整理

造林地整理是人工林营造的关键技术环节。本单元要求学生能够结合造林地的自然条件和当地的社会经济状况，选择适当的造林地整理方式方法，按时保质保量完成造林地整理任务，并能进行相应的实际操作。

4.1 简介

造林地，也称宜林地，是指造林生产实施的地方，也是人工林生存的外界环境。当前，随着我国造林绿化的大规模开展，可造林场所越来越少，可利用的基本是荒山荒地，很多立地条件差。因此，造林时对造林地进行清理非常重要。

4.1.1 造林地种类

（1）荒山荒地

如荒山、荒地、荒滩、盐碱地、砂地及撂荒地等。这一类造林地，其立地条件除因所处的地理位置及地形条件、地表状况等明显不同外，还有各自的特点。如分布在不同地区的砂地，立地条件会有一定差别，但其质地粗、渗透性强、持水力差、通透性良好、肥力低的特点则不同于其他造林地。

（2）采伐迹地和火烧迹地

采伐迹地的立地条件在很大程度上取决于采伐到更新停顿时间的长短。一般新采伐迹地的更新条件优于旧采伐迹地。这一类造林地有时也包括火烧迹地。火烧迹地地温高，营养丰富，杂草稀少，但骤然把多年积累的有机物质全部烧掉是一种损失，长期不能更新的各种迹地，森林环境会逐渐丧失，立地条件向荒山过渡。

（3）林冠下的造林地

这一类造林地也是有林地，只是森林将在近期采伐，采伐前具有良好的森林环境，可利用这一有利条件进行某些树种的人工更新。因林地上有林木生长，更新作业障碍较多。

4.1.2 造林地整理的基本概念和特点

造林地整理是造林前改善环境条件的重要工序，造林地整理是人工林培育技术措施的主要组成部分，它包括造林地清理和造林地整地两个方面。

（1）造林地清理

造林地清理是指在翻耕土壤前，清除造林地上的灌木、杂草、杂木、竹类等植被，或采伐迹地上的枝杈、伐根、梢头、倒木等采伐剩余物。

（2）造林地整地

其与农业整地、苗圃整地相似，都是通过翻土和松土来改善土壤的理化性质，但由于林业用地的特殊性，造林整地又有其不同的特点。

①造林地一般面积大、地域广，整地需要花费人力、物力、财力较大。

②造林地多为荒山荒地，大部分都是石漠化严重或者石质地带，地形复杂，地势险峻，施工难度大，且容易造成水土流失。

③有些特殊的地方，如林冠下造林、四旁造林，不需要按照完整的工序进行林地清理和整理。

4.2　技术指南

4.2.1　造林地清理

（1）造林地清理的作用

①改善造林地的卫生状况　造林地上的枯枝落叶、倒木等采伐剩余物通常附着很多有害生物，它们是滋生病虫害的温床，且剩余物易燃性高，易导致森林火灾。清理后改善了造林地的卫生状况，降低了病虫害和森林火灾发生的可能性。

②为造林整地施工创造条件　造林地上倒木、采伐剩余物给整地施工造成困难。清理后则方便进行造林施工，提高整地质量。

③为幼林抚育作业创造便利条件　幼林抚育主要包括松土、除草、灌溉、施肥等措施，适当地进行林地清理能提高幼林抚育效率。

造林地清理适用于杂草灌木丛生、采伐剩余物堆积，不进行清理无法或很难进行整地的造林地。因此，在植被比较稀疏，或迹地剩余物数量不多，对土壤翻垦影响不大的情况下，建议清理与土壤翻垦同时进行。

（2）造林地清理的方式方法

①造林地清理方式　造林地清理方式主要有3种。

全面清理：是在整块造林地上全部清除杂草灌木和采伐剩余物的清理方式。全面清理的清理效果好，但用工量大，易造成水土流失。全面清理仅适用于病虫害比较严重的造林地、集约经营的商品林造林地。

团块状清理：是以种植点为中心呈块状清理周围植被或采伐剩余物的清理方式，团块状清理用工量小、成本低但是效果差，所以仅适用于病虫害少、杂草灌木稀疏的陡坡造林地，或营造耐阴树种的林地。

带状清理：是以种植行为中心呈带状清理两侧植被，并将采伐剩余物以及清理的植物在保留带上成条堆积的清理方式。带状清理效果好，同时又能防止水土流失，提高造林成活率，生产上应用广泛。

②造林地清理方法　清理时所使用的手段和措施。常见的方法有割除清理法、火烧清理法和化学药剂清理法。

割除清理法：包括人工割除技术、机械割除技术等，目前许多地区已经实现机械化作业，使效率得到显著提升。

火烧清理法：危险性较高，难以对火情进行完全控制且对生态不利，部分地区禁止使用。

化学药剂清理法：是使用特定的化学药物对造林地进行清理，但该方法易残留对苗木生长有影响的化学物质，所以应根据情况谨慎使用。

造林地清理并非必要工序，不进行造林地清理也可完成造林任务。

4.2.2　造林地整地

（1）造林整地的作用

①改善立地条件　造林地整地可以改善林地土壤环境，提高林内温度。不仅如此，还可以使土壤变得疏松，孔隙增大，为树木提供好的生存条件。另外，整地还可增加土壤养分。

②增强水土保持效能　在水土流失严重的地区，通过将坡面整成一块块的平地、反坡或洼地，防止地表径流流量过大和流速过快，防止其过分汇聚流失，拦蓄地表径流，并分散聚集，使其能够渗入地下，增加土壤的含水量，减少水土流失。

③提高造林成活率，促进幼林生长　立地条件的改善为幼林的生长提供了良好的环境，栽植的苗木较容易长出新根，提高成活率。地温升高会延长林木的生长期，杂草、枯木和石块被清除，为林木根系的生长减小了阻力，有利于根系生长发育，促进幼林生长。

④减少杂草和病虫害　清除了种植点周围的植被，可以减轻杂草、灌木与幼苗、幼树的竞争，减少土壤水分和养分的消耗。整地破坏了病虫赖以滋生的环境，减轻了病虫的危害。

⑤便于造林施工，提高造林质量　土壤深翻后，人工造林过程更加省力、省工。造林地经过认真清理和细致整地，可减少造林时的障碍，便于进行栽植及抚育管理，有利于加快造林施工进度。如整地达到规格要求，可以减少窝根和覆土不足现象，有利于提高造林质量。

（2）造林整地的方式方法

整地方式分为全面整地和局部整地。

①全面整地　是翻垦造林地全部土壤，主要用于平坦地区。

②局部整地　是翻垦造林地部分土壤的整地方式，包括带状整地和块状整地。

带状整地：呈长条状翻垦造林地的土壤。山地带状整地方法包括水平带状、水平阶、水平沟、反坡梯田等；平坦地的整地方法包括犁沟、带状、高垄等。

——水平带状整地：带面与坡面基本持平，带宽一般 0.4~3m，带的长度一般较长，整地深度一般 25~30cm。此法适用于植被茂密，土层较深厚、肥沃、湿润的迹地或荒山，坡度比较平缓的地段(图 2-4-1)。

——水平阶整地：又称水平条，阶面水平或稍向内倾，阶宽随立地条件而异，石质山地一般 0.5~0.6m，土石质山地和黄土地区可达 1.5m，阶长随地形而异，一般 2~10m，深度 30~35cm，阶外缘一般培修土埂(图 2-4-2)。

——反坡梯田整地：田面向内倾斜成 3°~15°反坡，面宽 1~3m；每隔一定距离修筑土埂以汇集水流，深度 40cm 以上。此法适用于坡度不大、土层较深厚的地段，以及黄土高原地区地形破碎的地段。征地投入劳力多、成本高，但抗旱保墒和保肥效果好(图 2-4-3)。

块状整地：呈块状翻垦造林地的整地方法。山地应用的块状整地方法包括穴状、块状、鱼鳞坑；平原应用的方法包括坑状、块状、高台等(图 2-4-4、图 2-4-5)。

鱼鳞坑整地，坑穴为近半月形。坑面水平或稍向内侧倾斜。一般长径(横向)0.8~1.5m，短径(纵向)0.6~1.0m，深度 40~50cm，外侧用生土修筑半圆形边埂，高于穴面 20~25cm。在坑的内侧可开出一条小沟，沟的两端与斜向的引水沟相通。鱼鳞坑主要适用于坡度比较大、土层较薄或地形比较破碎的丘陵地区，水土保持功能强，是水土流失地区造林常用的整地方法，也是坡面治理的重要措施(图 2-4-6)。

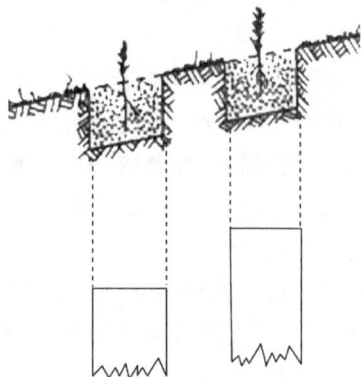

图 2-4-1　环山水平带状整地示意

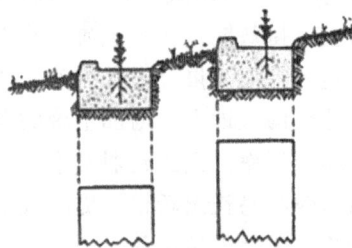

图 2-4-2　水平阶整地示意

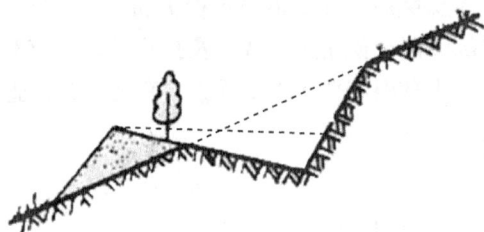

图 2-4-3　反坡梯田整地示意

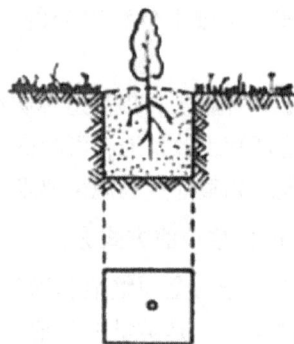

图 2-4-4　方形穴状整地示意

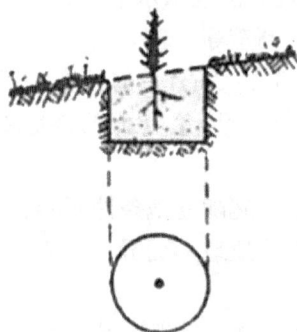

图 2-4-5　圆形穴状整地示意

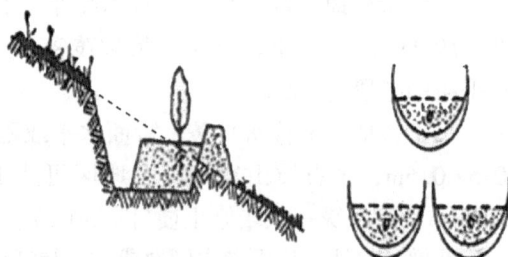

图 2-4-6　鱼鳞坑整地示意

4.3　教学指南

4.3.1　教学方法说明

此培训应在确认造林项目后、树种选择以及整地工作前段进行。要求学员以小组为单位开展训练，提出的造林地清理以及造林地整地方法应具有科学性以及可行性。结合当地条件以及造林地实际情况，学员以小组为单位制订造林地整理的技术方案，并能依方案进行实践操作。

①活跃气氛。

②准备两块黑板，请小组中两位绘画基础较好的学员当"画家"，两位"画家"中的一位画出整地效果好的图示，另一位则画效果差的图示。两类情况要对比鲜明，并给出充足的时间，让学员补充此两类情况的主要特点。

③通过对比找到主题的切入点，提出相关问题。

④要求学员推测植被清理优劣的内在原因以及效果和影响。

4.3.2　教学练习总结

简介：本教学主要包括造林地整理相关内容，了解常见的造林地清理和整地的方式方法	目的：了解造林地整理有关知识；学习常见的清理、整地的方式和方法	步骤：课程介绍，集体讨论，理论培训，林地考察，动手实践，总结	培训对象：村民、学员
培训教师：林业技术推广员	地点：林地、会议室	时间：3h	培训人数：10~20人

4.3.3　教学过程设计

时间	目的	内容	材料
30min	课前准备	学员见面，简要说明课程内容以及时间安排	无
30min	活跃气氛，小组讨论	讨论造林地清理的必要性，如果不进行会有什么结果，提出疑问并记录	黑板、教材、纸、笔
30min	理论学习	学习造林地清理的方式方法，学习造林地整地的方式和方法，了解不同方法的适用范围，能够结合实际选择正确的方式和方法	教材、纸、笔
90min	实地勘察，选择正确的整理方式并实践	前往造林地实地勘察，了解立地条件，并结合所学习的理论知识，指出造林地是否需要进行清理，说明原因，给出正确的实施方法，并进行实践	整地工具、纸、笔
30min	总结	回答学生提问，对本单元进行总结	教材、纸、笔

◎ 思考题

1. 简述造林地的种类，各有何特点。
2. 简述什么是造林地的整地、清理，各有何作用。
3. 简述造林整地的方法，各有何特点。
4. 试述如何确定造林整地的时间和深度。

◎ 推荐阅读

1. 森林营造技术(第2版)，张余田，中国林业出版社，2015.
2. 造林技术规程(GB/T 15776—2016).
3. 造林作业设计规定(LY/T 1607—2003).

单元 5　植苗造林

植苗造林是以苗木作为造林材料进行栽植的方法，又称栽植造林，是目前我国造林的主要形式。本单元主要训练学员植苗造林的技术措施，同时指出造林中常见的问题，使学员具备从事植苗造林的能力。

5.1　简介

植苗造林在中国有悠久的历史。如《王祯农书》《三农纪》等均提到不同树种造林采用的苗木种类、适宜苗龄及土壤要求；《四民月令》《种树书》等记载苗木栽植前的处理；《淮南子》介绍一些树种的栽植技术和季节等。植苗造林的特点是苗木带有根系，在正常情况下栽植后能较快地恢复苗木机能，适应造林地的环境，顺利成活；在相同的条件下，幼林郁闭早，生长快，成林迅速，林相整齐，并可节省种子，适用于绝大多数树种和不同立地条件，尤其是杂草繁茂或干旱、贫瘠的地方。

5.1.1　植苗造林特点和应用条件

（1）植苗造林主要特点

植苗造林的主要特点包括：①适用于多种立地条件；②幼林初期生长迅速；③节约种子；④根系容易受损；⑤造林成本较高。

（2）植苗造林应用条件

植苗造林对立地条件要求不严，在立地条件较差的地方也可以进行植苗造林，具体包括：①干旱半干旱地区；②易于滋生杂草的造林地；③播种造林受到限制的造林地；④盐碱地区。

5.1.2　植苗造林常见方法

栽植方法一般可分为穴植法、缝植法和沟植法 3 种。其中容器苗可采用穴植法、沟植法；裸根苗可以选用穴植法、缝植法和沟植法。

穴植是在经过整地的造林地挖穴栽苗，适用于各种苗木，是应用比较普遍的栽植方法。穴的深度和宽度根据苗根长度和根幅确定。一般每穴栽植 1 株苗木。缝植是在经过整地的造林地或土壤深厚湿润的未整地造林地，用锄、锹等工具开成窄缝，植入苗木后从侧方挤压，使苗根与土壤紧密结合的方法。此法造林速度快、工效高、成活率高。沟植是在经过整地的造林地，以植树机或畜力拉犁开沟，将苗木按照一定距离摆放在沟底，再覆土、扶正和压实。此法造林效率高，但要求地势比较平坦。

5.1.3　植苗造林注意事项

植苗造林过程中需要注意的常见问题包括：①选择合适的苗木；②对苗木进行保护和

处理；③选择正确的栽植方法；④选择适宜的造林季节。

5.2 技术指南

5.2.1 穴植法的主要过程

（1）回填

将挖穴堆积的表土回填至栽植穴内，同时根据造林作业设计要求撒入适量基肥，二者混合后厚度达栽植穴深度的 1/3。

（2）放苗扶正

将栽植苗放于穴中，栽苗时一只手拿苗木的根颈，另一只手整理根系，将苗直立于栽植穴正中，使根系舒展不窝根。

（3）填土

继续将细碎的表土、心土填入穴中，填至穴深 1/3~1/2。

（4）提苗

把苗木向上略提一下，达到适宜栽植深度，使根系舒展并与土壤充分接触。

（5）踏实

提苗后将回填土用脚踏实或用木棍捣实。

（6）浇水

充分浇透定根水。

（7）填土

继续回填土壤至苗木原土印上方 2~5cm，北方干旱少雨地区可做一围挡，以蓄积雨水；南方多雨地区应堆起一小凸堆，以利排水。

（8）踏实

回填土壤并踏实，最后在上面撒一层细土、枯枝落叶或覆盖薄膜，以防止水分蒸发。此过程简称为"三埋两踩一提苗"（图 2-5-1）。

5.2.2 栽植过程中注意事项及纠正方法

（1）苗木选择不当

①苗木类型错误　裸根苗不能用于干燥地，适用于潮湿地，在干燥地一定要使用容器苗。

②苗木太矮　杂草的上层压抑，导致幼树死亡。

③苗木过高　苗木根系建立起来前，水分供应及支撑苗木负担过重而导致死亡。

依苗木种类及立地条件，苗木高度一般在 15~25cm。

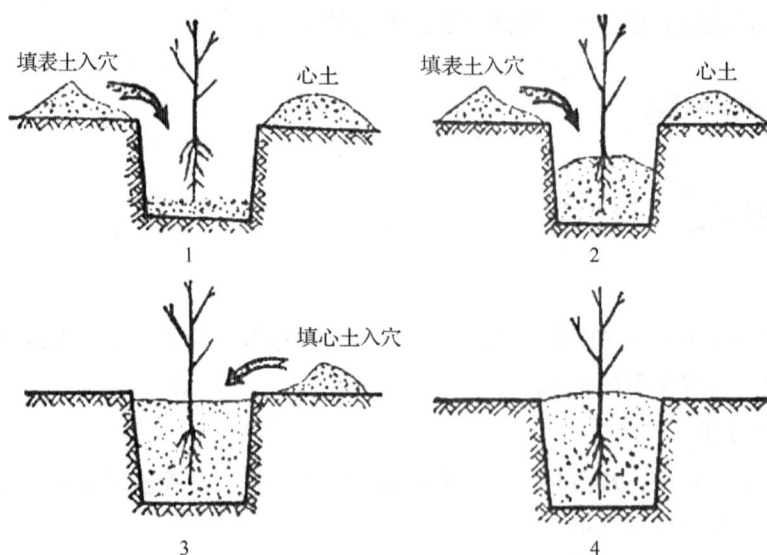

1. 填表土，放苗；2. 填表土，提苗踏实；3. 填心土，二次踏实；4. 坑穴表面填心土

图 2-5-1 穴植法造林示意

（2）造林时间不当

①过早　仅经过一场雨还不能开始造林，因为此时仅幼树根系以上表层土壤湿润。正确的造林期是在雨季开始之前。最适宜的情况是降雨趋于正常，土壤至少湿至 25cm 以下。

②过晚　在雨季末造林会导致根系在雨季生长发育的时间不够，而使幼树很难度过时间较长的干旱期。

（3）整地不当

①破坏所有现存天然更新植物　许多造林地已有植被覆盖，其中有些灌木及乔木种类可融入人工林中。因此，保留、抚育这些天然更新植物非常重要。

②栽植穴周围清理面积太小　在栽植穴周围除杂，要保证其面积适宜。如果太小，其周围的竞争杂草会抑制幼树生长。最小可容许的除杂区域直径为 1m。

③清理带太窄　带宽视杂草生长潜力而定，最窄为 1m，以免幼树在杂草中生长。

④干燥地没有集水沟　在干燥地造林使用常规栽植穴，应挖集水沟（单个新月形集水区）收集雨水，提高成活率。

（4）树种选择不当

树种要适于特定造林地，筛选类似立地条件下生长的种类，以确保选择正确的树种。在土层较浅，或朝南向，或特别潮湿的造林地，选择树种时要谨慎。

（5）株行距不当

①株距太小　在造林困难的陡坡，造林常常过密，因为其距离是沿斜坡测量而不是水平测量。过密导致树木生长不稳定。

②行距太大　带状整地时，通常出现行距过大的现象。行距不宜太大，这样可减少清除杂草、灌木的工作量。

③与现存天然更新植物距离太近　造林地中现存的有价值的天然更新植物可纳入人工林中。由于这些林木同样需要生长空间，故要留有最小间隔。

（6）造林技术实施不当

①一穴中植两株树　栽得过密（在30cm以内）会造成植物之间过早竞争，在一年之内应除掉一株。

②不按质量标准选择苗木　一般只有1级苗才能出圃，但有时存在使用劣质苗的现象。管理者应在栽植前检查苗木质量，剔除一切劣质苗苗木。

③挖穴过浅　栽植时如果强行将苗木压入过小的栽植穴，有可能导致根系折断、上翘，造成生长不良，裸根苗应尤其注意。

④栽植过深　特别是针叶树苗，要注意不能栽得过深，否则会引起腐烂。苗木的根颈应与地表土持平。

⑤栽植过浅　如果栽植过浅，上部根系便会暴露在地面而变干，幼树容易倒伏，导致需要经过更长的时间才开始生长，因为受害植株需重新生成根系。

⑥踏实过松　土壤中的孔隙使幼树稳定性降低，也会导致侧根及根毛受损。所以栽植后要立即踩紧幼树周围的松土，避免根系周围留有孔隙。

（7）裸根苗木的有关问题

①苗木贮藏方法错误（没有假植）　裸根苗需要特别的处理。苗木运至造林地后如不能立即栽植，应假植在离造林地较近的临时储存地，且要浇水。

②苗木运输途中根系没有保护措施　在苗木运输过程中，没有采取任何保护裸根的措施。阳光照射再加上风吹会很快降低苗木生命力，在苗木干燥后几分钟之内便可死亡。因此，保护苗木不会因失水而干燥是非常必要的。在苗木运至造林地后最好用水桶浸水30min，然后盖上湿草或装袋直至栽植。

③多植　因为苗木质量并非总是符合要求，苗木分级也能出现问题，常有质量差的苗木混入造林。这样栽植的苗木会很快开始竞争光照、水分及养分，导致生长减慢，最后无法与周围杂草竞争。

（8）容器苗的有关问题

①栽植时未去掉容器（袋）　栽植时为节省工序，不去掉容器。这些容器在栽植时一定要全部去掉，以便根系能伸展进入土壤，否则根系发育受阻，终会死亡。

②容器仅在底部开口　如果容器仅在底部开口，则只有部分根系穿透容器进入土壤，苗木需要更长的时间才能生长发育，且发育状况不佳。

5.3　教学指南

5.3.1　教学方法说明

（1）教学时期

本教学应在造林开始前或刚开始进行造林时开展。

（2）教学讨论

讨论应将重点放在培训所在地采用的树种和造林类型上。如果参与者有成功栽植裸根苗的经验，则不要过多地讲解容器苗，因为这有可能改变他们原来的习惯而转向使用费用昂贵的苗木。

（3）学员预培训

①介绍小组每位成员，解释课程计划及时间安排，介绍课程目标。

②询问学员栽植时遇到的问题，将问题分类列出。学员不可能指出所有问题，在学员们相互讨论时，补充其他问题。

③讨论为避免这些问题所采取的方法及技术。

（4）实习及现场示范

①与参与者一起到最近完成的造林地，对完成质量进行评价，找出可能存在的问题，并以清单列出，讨论其改正方法。

②3~4人组成小组。每小组在指定的位置造林，使每位参与者都有机会练习，以确保高质量造林，要选择正确的株行距、挖穴规格、栽植深度，并对苗木质量进行检查。

③栽植完成后共同检查各小组造林质量，并加以讨论，对质量优的总结其可行之处，对质量差的提出修改意见。

④分析对比培训资料上的图片资料，指出实践中遇到的问题以及怎样避免这些问题。

5.3.2　教学练习总结

简介：本教学主要介绍植苗造林的方法，并指出常见的问题，了解改正措施	目的：了解植苗造林的步骤；避免出现常见的错误	步骤：课程介绍，集体讨论，理论培训，动手实践，总结	参与者：村民
培训教师：林业技术推广员	地点：林地、会议室	时间：1d	培训人数：10~20人

5.3.3　教学过程设计

时间	目的	内容	材料
30min	课前准备	向参与者简单说明课程内容以及时间安排等	无
30min	集体讨论	询问参与者栽植时常遇到的问题，将问题分类列出，指出新问题，提出改进措施	黑板、教材、纸、笔
1h	学习正确的栽植方法	学习正确的栽植方法，并了解常见问题，提出改进方法	黑板、教材、纸、笔
2h	巩固理论，参与实践	前往造林地，示范正确的造林方法，分小组进行练习，讨论练习中出现的问题	栽植工具、苗木、纸、笔
30min	总结	回答参与者提问，对本单元进行总结，对实践中出现的问题进行纠正，对参与者学习到的新的技术进行巩固	教材

○ **思考题**

    1. 简述植苗造林的特点和应用条件。

    2. 试述穴植法的主要技术步骤。

○ **推荐阅读**

    1. 森林营造技术(第 2 版),张余田,中国林业出版社,2015.

    2. 造林技术规程(GB/T 15776—2016).

    3. 造林作业设计规定(LY/T 1607—2003).

单元 6　造林成效监测

    造林地条件、造林方法、苗木质量和后期管理不同,苗木生长会受到影响,造林保存率的调查可以为后期工作开展奠定基础。核查获取人工造林(更新)、飞播造林和封山(沙)育林的面积核实率、合格率、成效(保存)率及相关管理指标,掌握未成林造林地质量、成效状况、成林面积及森林面积增长潜力,可以综合监测和评价全国森林营造和重点工程建设的实绩与成效,为森林面积增长年度评估提供支撑,为加强营造林管理、科学培育森林提供依据。

6.1　简介

6.1.1　防护林、用材林调查内容

    ①林地质量　包括保存率、树冠郁闭度(覆盖度)、平均高度、平均胸径、平均材积、生长与活力等。

    ②林地经营　包括补植、适地适树等。

    ③小班可持续管理　包括作业区实施进度图、小班登记卡、树木的保护等。

    ④林地生物多样性　包括保留栽植树种的数量、天然更新树种等。

    ⑤林地水土保持　包括地被物覆盖、侵蚀沟沿灌木林锁边、控制水土流失。

6.1.2　经济林调查内容

    ①果园质量　包括保存率、树种选择、经济效益等。

    ②果园经营　包括修剪、病虫害防治、松土、除草、灌溉、施肥等。

    ③果园可持续管理　包括作业区实施进度图、小班登记卡质量及使用等。

    ④林地总体评价　分别按防护林和经济林调查指标进行综合评价,评定等级分优、良、差。

6.1.3　未成林造林地成林情况

    调查内容包括:未成林造林地成林情况、成林面积;幼树生长状况及成林预期;造林

地流失情况(占用征收、地质灾害等导致造林地损失)、造林地逆转情况(造林地块株数保存率40%以下需重造,待补植补造);造林前地类情况。

①面积指标　包括成林面积、新增森林面积、造林地流失、需重造面积比例、待补植补造面积比例等。

②成林情况指标　成林率、郁闭度、林木生长状况等。

③林木生长状况指标　包括幼树生长等级、自然灾害等级、成林预期评定(正常、低质低效、无希望)等。

④造林前地类指标　包括土地类型、土壤质地、土壤厚度、土壤砾石含量等。

6.2　技术指南

6.2.1　造林成效调查方法

(1)查阅资料、座谈

到中德合作造林项目办查阅项目档案资料,听取汇报,与项目办同志座谈,了解项目实施情况,确定实地调查地点。

(2)实地调查

①参与式土地利用规划调查　随机抽取行政村,对县级参与式土地利用规划进行现场核查。在每个被抽查的项目村中抽查项目农户进行访谈。

②目测　按小班登记卡记录内容,并采用对坡目测、本坡核对的方法逐小班进行总体成效调查。

③样地调查　采用标准地调查,在全面调查了解小班基本情况的基础上,设置调查样地,样地距林缘不小于20m,设跨河流、道路或伐开的调查线。样地面积为0.01hm²,形状为矩形,边长为10m。小班面积小于4.9hm²,设置1块样地;小班面积5.0~9.9hm²,设置3块样地;小班面积大于10hm²,设置5块样地。

④遥感监测　人工造林(更新)保存状况以3年为周期,飞播造林和封山(沙)育林以5年为周期,利用中、高两级分辨率遥感影像,通过将两期(或多期)遥感影像进行对比,在判读掌握营造林小班前地类的基础上,对造林成效进行判读,同时结合适量的地面调查,获取营造林小班面积、保存率、郁闭度等相应指标,以获取相应年度营造林成林面积,从而掌握核查单位相应年度森林面积的增加量。

6.2.2　未成林造林地成林情况调查与监测方法

(1)营造林小班落界

根据年度营造林统计报表、作业设计和检查验收资料,结合林地"一张图"落界数据,把造林小班落实到山头地块,分工程类别、造林年度等详细记录,形成营造林小班落界数据成果。

（2）遥感判读

与林地年度变更调查工作相结合，借助两期卫星影像对比判读林地"一张图"中营造林小班，将达到营造林成效年限的小班判读为已成林小班和未成林小班两个类型，将未达到成效年限的小班判读为流失小班和保留小班两个类型。

（3）抽样调查

对遥感判读区划 4 个类型小班采取抽样调查，抽取比例为各类型小班个数的 1%。小班调查采用样方、样圆调查和目视调查相结合。已成林小班重点调查成林面积、郁闭度及林木生长情况；流失小班重点调查造林地流失情况；保留小班及未成林小班重点调查幼木生长状况、幼树保留情况及造林前地类。

（4）数据分析

采取数理统计、趋势预测等方法对调查监测数据进行分析，评定成林预期，评估森林面积增长潜力，科学测算造林地流失面积及森林面积增加量。

6.2.3　造林成效评价

（1）无林地造林成效

满足以下条件之一的造林小班为有效造林小班：

①郁闭度　造林 3~5 年后，干旱区、半干旱区、高寒区，以及热带亚热带岩溶地区、干热（干旱）河谷等地区，小班郁闭度达 0.15（含）以上；极干旱区小班郁闭度达 0.10（含）以上；其他区域小班郁闭度达 0.2（含）以上。

②盖度　造林 3~5 年后，极干旱区小班盖度 20%（含）以上，干旱区小班盖度达 25%（含）以上，其他区域小班盖度达 30%（含）以上。

（2）林冠下造林成效

①伐前人工更新成效　按照无林地造林成效评价标准。

②有林地补植成效　补植 3~5 年后，郁闭度达 0.6（含）以上的补植小班为有效补植小班。

6.3　教学指南

6.3.1　教学方法说明

（1）教学方法说明

探究式教育、启发式教育、体验式教育。

（2）室内培训

展示不同造林成效的造林小班图片和影像，让参与者讨论其差异，并练习评估造林成效。

（3）实地培训

选择不同造林成效的造林小班，开展成林面积、郁闭度及林木生长、造林地流失情况、幼树生长状况、幼树保留情况、造林前地类、郁闭度、盖度等调查，让参与者实地体验造林成效调查。

6.3.2 教学练习总结

简介：本教学重点阐述造林成效调查方法	目标：了解造林成效监测的意义；掌握造林成效监测内容与方法；了解造林成效评价标准	步骤：对比不同造林成效小班影像的差别，进行实地调查验证并评价，分组讨论造林成效差异的原因	培训对象：乡林业技术员、林农
培训教师：林业技术员	地点：教室、机房、造林小班	时间：1d	培训人数：15~30人

6.3.3 教学过程设计

时间	目的	内容及程序	材料
15min	分组	与学员见面，自我介绍，小组成员相互介绍，让大家互相认识；讲述该培训项目及其时间的安排，以及为什么要进行该项培训，介绍课程目标	无
1~2h	造林成效监测内容	讲述从哪些方面进行监测，需要监测哪些指标	纸、笔、演示文稿
1~2h	造林成效监测方法	讲述实地检测方法和遥感监测方法特点，并进行对比练习室内遥感监测	纸、笔、演示文稿、电脑、遥感软件、遥感影像
2~3h	造林成效实地调查	选择调查防护林、用材林、经济林和未成林造林地小班，设置样方，进行实地调查	调查工具
1h	总结讨论	讨论评估造林成效及其原因	纸、笔

○ 思考题

1. 简述未成林造林地成效监测的内容。
2. 简述未成林造林地如何进行成效监测。
3. 简述无林地造林成效评价指标。

○ 推荐阅读

1. 造林技术规程（GB/T 15776—2016）.
2. 造林作业设计规定（LY/T 1607—2003）.
3. 中高分辨率遥感影像在营造林成效监测应用中的探讨，于晓光、王小昆等，林业资源管理，2012(5).
4. 生态公益林建设技术规程（GB/T 18337.3—2001）.

单元 7 人工林补植

人工林在造林过程中，由于自然灾害、人为活动频繁、抚育管理较差、立地条件差异、造林技术不当等，幼林林分保存率较低，缺苗、缺株严重，形成大量林窗空地，林相参差不齐，营林效益及生态效益降低。补植补造主要针对幼龄林及中龄林，通过补植补造提高中、幼龄林的经济效益及生态效益。

7.1　简介

7.1.1　补植对象

补植补播主要对象是树种组成单一、郁闭度小、林木分布较均匀的残次林、劣质林及低效灌木林。符合以下条件之一的均需要补植：

①郁闭度低于0.4的低效林。

②林中空地或树木稀少，郁闭度在0.1~0.3的疏林地。

③人工林郁闭成林后的第一个龄级，目的树种、辅助树种的幼苗、幼树保存率小于80%。

④郁闭成林后的第二个龄级及以后各龄级，郁闭度小于0.5的。

⑤卫生伐后，郁闭度小于0.5的。

⑥含有大于25m² 林中空地的。

⑦立地条件良好、符合经营目标的目的树种株数少的有林地，应该结合生长伐进行补植。

7.1.2　补植树种

补植树种选用稳定性好、抗逆性强、生态景观效益好的优良乡土树种、珍贵树种和景观树种，以乔木层原有树种或适于混交树种优先。补植树种与现有树种要互利、相容生长，且具备从林下到主林层生长的基本耐阴能力。通过补植形成混交林，在针叶林内补植阔叶树，在阔叶林内补植针叶树。

对于残次林、劣质林和低灌林，根据具体的立地条件、经营目标等，选用合适的补植树种。按照具体情况，定留存树种，生态公益林补植套种要对原有的阔叶树种进行留存，通过补植套种，建设混交林。至于商品用材林，要根据经营目标要求确定补植树种。

以东江林场为例，主要选择木荷、格木、灰木莲、樟树、火力楠、红锥、润楠、阴香、油桐、杨梅、海南蒲桃、油茶、枫香、山杜英等作为补植树种。

黄国宁等以退化的木麻黄林下人工林为研究对象，按照近自然化改造的逻辑思路，提出了岛东林场木麻黄林下补植造林的近自然化改造模式，研究表明选择母生、鸭脚木、大叶相思、非洲楝并按1:1:1:1的比例带状补植，木麻黄林下补植效果最好。

7.2　技术指南

7.2.1　补植方法

根据林地目的树种林木分布现状确定补植方法。通常有均匀补植（现有林木分布比较均匀的林地)、块状补植(现有林木呈群团状分布、林中空地及林窗较多的林地)、林冠下补植(现有主林层为喜光树种时在林冠下补植耐阴树种)和竹节沟补植等方法。

人工林尽可能均匀补植成行或成团;天然林则补植成团,方法是清除杂草、整地,栽植较大苗木;灌木可采取补播的形式。如果是中、幼龄林补植补造,一般在造林季节进行,补植补造前清理补植塘,补植苗木要求选择一级容器苗。为了补植后可获得迅速生长效果,每塘适量施肥;在干热河谷,或遇天旱,或补植经济林苗,须用塑料膜覆盖定植塘,以确保补植苗木的成活率。成林时补植补造可采用大苗栽植。

7.2.2 补植密度

根据经营方向、现有株数和该类林分所处年龄阶段合理密度而定,补植后密度应达到该类林分合理密度的85%以上。

7.3 教学指南

7.3.1 教学方法说明

(1)教学方法

探究式教育、启发式教育、体验式教育。

(2)室内培训

展示不同案例照片,让参与者讨论林分特征和林窗形成原因,讨论补植补造意义、对象、方法,分享工作经验,教师有针对性地纠正参与者的技术问题。

(3)实地培训

选择残次林、低效林、疏林等,根据适地适树原则合理选择树种,根据林地目的树种林木分布现状确定补植方法,开展补植补造实践。

7.3.2 教学练习总结

简介:本教学重点阐述人工林补植补造技术	目标:掌握人工林补植补造的原因;掌握人工林补植补造对象、方法	步骤:对比不同林分特征,确定人工林补植补造对象,并根据实地情况,讨论确定补植树种和补植方法,开展补植补造实践	培训对象:乡林业技术员、林农
培训教师:林业技术员	地点:教室,机房、造林小班	时间:1d	培训人数:15~30人

7.3.3 教学过程设计

时间	目的	内容及程序	材料
15min	分组	与学员见面,自我介绍,小组成员相互介绍,让大家互相认识;讲述该培训项目及其时间安排,明确本培训的目的,介绍课程目标	无

（续）

时间	目的	内容及程序	材料
1~2h	人工林补植补造基础知识	通过图片展示补植补造对象特征；讲述树种选择、补植补造方法和需要达到的标准	纸、笔、演示文稿
2~3h	设计补植补造方案	选择林地，根据林分特征、自然地理状况和目的树种林木分布现状设计补植补造方案	纸、笔、演示文稿
2~3h	补植补造实践	根据补植补造方案开展补植补造	造林树种、造林工具及其他工具
1h	总结讨论	讨论点评补植补造方案和成果，纠正存在的问题	纸、笔

○ **思考题**

　　1. 简述人工林补植的对象。

　　2. 试述人工林补植的树种选择。

　　3. 简述人工林补植的方法。

○ **推荐阅读**

　　1. 造林技术规程（GB/T 15776—2016）.

　　2. 森林培育学（第3版），翟明普、沈国舫，中国林业出版社，2016.

　　3. 海南省岛东林场木麻黄退化人工林补植模式研究，黄国宁等，热带林业，2016（4）.

单元 8　人工促进天然更新

　　人工促进天然更新即为保证森林的天然更新而采取的人工辅助措施。森林天然更新需要具备4个条件：一是更新地上种子供应程度，促进更新首先需要有足够数量的有发芽力的种子；二是种子发芽的环境，也就是出苗条件；三是野生苗的生长环境，这关系幼苗成活，幼苗生长前期特别是出苗后的前两年生长很不稳定，会出现大量死亡，其主要原因是冻拔、高温干旱和杂草竞争；四是幼树的环境，包括幼树生长环境、竞争植物等的疏密度。只要其中一个条件受制约，森林自然更新过程就会受阻，更新慢且效果往往不能令人满意。因此，只有适当采取人为措施，才能更好地促进森林天然更新，以取得更大的生态效益、社会效益和经济效益。

8.1　简介

8.1.1　人工促进天然更新特点

　　人工促进天然更新遵循树木的生物学特性，采用人工诱导技术恢复森林，具有投资少、树种多、生长快、生物量高、生态功能强等特点。

　　①形成的林分具有人工林特点，即分布均匀、生长快、材质好、产量高、成林期短；

同时能充分发挥天然更新潜力，改变天然更新的目的树种数量不足、分布不均、生长期长的现象。

②成活率高，幼树初期生长快，多年实践证明，植生组比单株成活率高。

③既定向培育了优质高产的针阔叶混交林，又充分间伐利用了保留木。

④具有分期郁闭的特点，最后形成异龄复层林。

⑤人工促进天然更新是人工更新与天然更新相结合，人为地利用其互助和竞争关系，既达到人工更新改变林相的目的，又发挥天然更新潜力。

8.1.2　人工促进天然更新对象

在以封育为主要经营措施的复层林或近熟林中，目的树种天然更新等级为中等以下，幼苗幼树株数占林分幼苗树总株数的50%以下，具有一定的天然更新条件和能力，但完全依靠天然更新又不能达到恢复森林的目的要求，需辅助采用人工促进天然更新。

8.1.3　人工促进天然更新技术措施

森林人工促进天然更新的方法一般分为两类：一是作为采伐作业的一部分或在森林采伐同时进行；二是在空地和林冠下单独进行。

8.1.4　人工促进天然更新标准

当年采伐更新或翌年更新，更新面积不小于采伐面积；目的树种的幼苗幼树株数与人工补植补造株数的总数，或萌蘖的幼树株数与人工补植补造株数的总数 ≥3000 株/hm²，且分布均匀，保存率≥85%。

8.2　技术指南

8.2.1　采伐更新

在森林采伐作业中，为使森林能得以尽快恢复，应采取以下几项措施：

（1）保留母树

母树是种子的来源，保留母树不需要特别支出和增加费用，因此保留母树是采伐作业中不可缺少的，保留母树应注意以下4个方面：

①保证母树品质　选择母树时应该注意母树的品质，因为它关系幼树的数量和质量，有利于优化新一代林木品质。优良的母树条件包括：发育良好的树木，树干应当通直高大，如树干弯曲多节点的缺陷会遗传给后代；母树的树冠必须发育良好，否则结实量将会减少，喜光树种的树冠长度应该占树干长度的2/3左右，耐阴树种的树冠长度须为树干长度的4/5左右；母树的年龄不应过大或过小，各种树种选择母树的年龄见表2-8-1；选择母树时，应注意各树种的特性，根据特性确定如何进行保留。

表 2-8-1 母树品种及年龄参考 年

树种	年龄	树种	年龄
红松、云杉	61~120	落叶松、樟子松	41~100
白桦、榆树	21~60	黄波罗、核桃楸	21~80
云杉、柞树	21~80	枫桦、水曲柳	21~80
杨树	11~30	萌生阔叶树	21~80

②保留母树数量 在伐区上保留多少母树，应根据伐区宽度而定，伐区越宽，保留母树的株数越多，反之越少。一般针叶林每公顷保留 15~20 株，阔叶林每公顷保留 10~15 株。

③母树配置分布 无论单株还是群状的母树都必须均匀配置，一般母树在更新迹地中间为好，距林墙 10~15m 处不必留母树（此范围内林墙的下种作用比较好）。为了增大母树下种的范围，应把母树配置在高地。在幼树群中不必保留单株母树，因为在大面积的伐区保留单株母树往往会引起大量的风倒及发生严重的病态和干梢现象，因此在大面积伐区必须成群地保留母树，每个母树群的面积以 0.5~1hm² 为宜，母树群的间距 200~300m，这样就可以使母树群在某种程度上仍保留森林环境的特点。母树群的分布也应有一定的秩序，这主要视采伐和集材的方式而定。应避开集材道，分布在集材道和集材道之间。母树群的总面积以不超过伐区面积的 5%~10% 为原则，母树群的形状尽可能留呈椭圆形，长轴应与主风方向平行，以减少风对母树群的侵袭和危害，母树群内可以允许次要树种存在。

④母树管理 选为母树的林木，应在树干 1.3m 处做"+"号标志，以免伐除。待更新完成后，一般 3~5 年，及时把母树伐去。母树管理可结合透光抚育进行，最好在冬季降雪后伐除，以减少采伐时对幼树的损伤。

（2）保护幼树和小径木

在成熟林的林冠下，存在数量不等的幼苗、幼树，如果能在采伐时将这些幼苗幼树保留下来，不受损害，将促进森林更新的完成，甚至可以提前 10~20 年采伐。所以在采伐时必须对相关人员进行广泛的技术培训，尽可能保留多的幼苗幼树，通常包括以下几点：

①严格控制树倒方向以免损伤幼树。

②集材时，防止踩伤幼树和小径木。

③清理林场时，严禁破坏幼树。

④将保护幼树和小径木作为经常性任务，纳入作业规程，实行奖惩制度。

（3）清理更新迹地

清理更新迹地可以改善天然下种和人工更新的条件，为种子发芽和幼苗生长发育创造条件。清理方法一般包括运出利用、堆积、火烧等。

8.2.2 在空地和林冠下单独进行的营林措施

结合森林天然更新的进程，根据林木的组成、生物特性、立地条件等，为种子发芽、幼苗幼树生长创造有利条件，从而促进天然更新。

（1）整地

天然林地地被物层很厚，种子不能直接接触土壤，成为种子成苗的重要障碍。整地可以改良土壤理化性质，保存水分，增加土壤肥力并除去竞争植物，有利于种子发芽和幼苗生长。整地有局部带状和局部块状两种。

①局部带状整地　适用于地势平坦的森林草原地带，一般带宽 1~2m，带距 4~5m。

②局部块状整地　适用于林地坡度比较大，有大量伐根的伐区。整地要求：块的规格为 1m×1m、1m×2m、2m×2m，每公顷 500~1000 块；块的规格可根据地区情况而定，如在杂草茂盛的地方及气候干燥地区，应采用 2m×2m，在气候较湿润的地区及草少的林地采用 1m×1m；翻土深度一般在 10~20cm，切忌把贫瘠的土翻到上面，对幼苗的生长造成不利影响，所以在土壤浅薄的砂土地，翻到生长层即可；在杂草灌木少的新采伐迹地，把块状或带状的枯死地被物扒开，稍微疏松土壤即可。杂草灌木虽不多，但土壤较结实、水分不足的情况下，需松土 5~6cm。杂草灌木多的地方，则可砍去块状或带状杂草灌木，掘出萌芽力强的根株，再翻土 5~10cm。翻起的土块可不打碎，以利自然覆土。

（2）补播和补植

由于林中空地缺乏母树，或由于种子不能均匀地散布到地面，常常不能保证林地的充分更新，在这种情况下，就应该实行补播和补植的造林方法，以弥补天然更新的不足。补播和补植要在整地的基础上进行，补植也可以采用植生组办法栽阔保针。

（3）除草割灌松土法

幼苗生长受周围竞争物和各种萌芽枝条的抑制，不能很好地发育生长，所以必须进行除草，砍掉阻碍生长的萌芽枝条，必要时在幼苗周围松土，使幼苗迅速生长。

8.3　教学指南

8.3.1　教学方法说明

（1）教学方法

探究式教育、启发式教育、体验式教育。

（2）室内培训

探讨人工促进天然更新的意义，让参与者分享实际工作经验，引出规范的技术方法，通过对比发现工作中存在的问题，激发参与者的求知欲。

(3)实地培训

选择典型林地，设计人工促进天然更新方案并实施作业，实践中总结人工促进天然更新技术。

8.3.2 教学练习总结

简介：本教学重点阐述人工林补植补造技术	目标：掌握人工促进天然更新的原因和具备的条件；掌握人工促进天然更新方法和标准	步骤：展示和分析不同案例中林分特征和采取的更新措施的合理性，有针对性地予以优化。选择林地，并根据实地情况，讨论确定人工促进天然更新方案，开展实践	培训对象：乡林业技术员、林农
培训教师：林业技术员	地点：教室、机房、造林小班	时间：1d	培训人数：15~30 人

8.3.3 教学过程设计

时间	目的	内容及程序	材料
15min	分组	与学员见面，自我介绍，小组成员相互介绍，让大家互相认识；讲述该培训项目及其时间的安排，明确本培训的目的，介绍课程目标	无
1~2h	人工促进天然更新案例分析	分析学员实际工作案例中存在的问题；有针对性地提出优化措施	纸、笔、演示文稿
2~3h	设计人工促进天然更新方案	选择林地，根据林分特征和自然地理状况设计方案	纸、笔、演示文稿
2~3h	人工促进天然更新实践	根据方案开展实践	抚育采伐工具、造林工具及其他工具
1h	总结讨论	讨论方案和成果，纠正存在的问题	纸、笔

○ **思考题**

1. 简述人工促进天然更新的特点。
2. 简述采伐更新的技术措施。
3. 简述林冠下更新的技术措施。

○ **推荐阅读**

1. 我国森林天然更新及人工促进天然更新的现状与展望，程中倩、吴水荣、刘世荣等，山西农业大学学报，2018(10)．
2. 森林培育学(第3版)，翟明普、沈国舫，中国林业出版社，2016．

单元 9 人工林除草松土

松土除草是人工林经营管理中的一项重要工作。幼林在前几年需要一些杂草作庇护，待生长正常后则要清除杂草。本单元主要阐明除草松土的必要性、原理及常用方法。

9.1 简介

松土除草是人工林经营中常被忽视的问题，原因包括：缺乏足够的认识；森林经营水平低；营林与农业生产竞争导致劳力不足；缺乏资金。

9.1.1 松土除草的作用

（1）松土作用

①切断土壤表层与底层毛细管的联系，减少水分的物理蒸发。

②改善土壤的通气性、透水性和保水性。

③促进土壤微生物的活动，加速土壤有机物的分解和转化，从而提高土壤营养水平，以利于幼林的成活与生长。

（2）除草作用

①清除与幼树竞争的各种植物。

②保证给予幼树成活和生长的空间。

③满足其对水分、养分和光照的需要，使其度过成活阶段并迅速进入旺盛生长时期。

松土和除草一般同时进行，但在实际工作中，有时以某项为主。在湿润地区或土壤水分条件充足的造林地，也可以单独进行除草（割草、割灌），而不进行松土。在杂草灌丛繁茂的幼林，应先劈灌除草，然后松土，并挖去草根、藤根和灌丛根蔸。

9.1.2 松土除草的年限、次数和时间

松土除草的持续年限应根据造林树种、立地条件、造林密度和经营强度等具体情况而定。一般情况下，应从造林后开始连续进行，到幼林全部郁闭为止，需要3~5年。在培育速生丰产林和经济林时，松土除草要长期进行，不以郁闭为限。

每年松土除草的次数，受造林地区的气候、立地条件、树种、幼林年龄和当地经济条件等因素的制约。通常造林当年就要松土除草，第1、2年2~3次，第3、4年1~2次，第5年1次，以后视杂草和林木生长情况确定松土除草的次数。

松土除草的季节要根据杂草灌丛的生态特征和生活习性、幼树年生长规律和生物学特性，以及土壤的水分、养分动态等综合确定，一般要求在幼树高生长旺盛期来临前和杂草生长旺盛季节进行松土除草，以减少杂草和灌丛对水分、养分的争夺，促进幼树生长。秋季除草，应在杂草和灌丛结籽前进行，以减少翌年杂草和灌丛的滋生。

9.2 技术指南

9.2.1 松土除草方式

松土除草的方式依据整地方式和经济条件不同而有差异。在全面整地的情况下，可以进行全面翻土除草；也可以第1年第1次进行带状和块状松土除草、培土整地，第2次进行全面松土除草；有机械化条件的，行间可用机械中耕，株蔸处松土除草。局部整地的幼林，采取人工松土除草并逐步扩大松土范围，如采用块状、穴状整地的，通过1~2次扩穴连成水平带。原为带状整地的，可逐年扩带培土，以满足幼林对营养面积日益扩大的

需要。

松土除草要做到"三不伤、二净、一培土"原则。三不伤：不伤根、不伤皮、不伤梢；二净：杂草除净、石块拣净；一培土：把疏松的土壤培到幼树根部。

松土除草的深度应根据幼林生长情况和土壤条件确定。造林初期浅，随幼树年龄增大逐步加深；土壤质地黏重、表土板结或幼林长期失管，而根系再生能力又较强的树种，可适当深松；特别干旱的地方，可再深松一些。总之，松土除草要做到里浅外深：坡地浅，平地深；树小浅，树大深；砂土浅，黏土深；土湿浅，土干深。一般松土除草的深度为5~15cm，加深时可到20~30cm。

夏季酷热、冬季严寒的地区，夏秋两季除草时，应在不影响幼树生长的前提下，根据杂草和灌丛生长的繁茂情况，适当保留部分杂草和灌丛，为幼树遮阴或防寒。长期荒芜、杂草和灌丛较多的幼林地，以及耐阴树种、播种造林的针叶树幼林，应避免在干旱炎热的季节除草，以免幼林暴晒死亡。

9.2.2 松土除草方法

目前，人工林松土除草多为手工作业，在条件允许的地方，应尽量采用机械抚育，也可间种农作物，实行以耕代抚。

（1）化学除草

利用化学除草剂除草，具有简便、及时、有效期长、效果好、省劳力、成本低、便于机械化作业等优点。因此，在幼林抚育管理中采用化学除草，也是一种比较好的方法。化学除草剂使用的方法包括茎叶处理法、土壤处理法、树干处理法等。

（2）人工松土除草

劳动强度大，工作效率低，但比较环保。地势平坦的平原造林可以使用机械作业。

（3）生物松土法

主要是增加有益的土壤动物，如蚯蚓等。生物除草主要是在林下养殖牛、羊、鹅、鹿等动物，既可以除草又可以增加养殖收入。

9.3 教学指南

9.3.1 教学方法说明

（1）活跃气氛

提出杂草的含义，例如，在花圃中，玫瑰是受保护的对象，其他植被就是杂草。然后问大家，为什么在实践中可能忽视除草，其后果又会怎样。

（2）集思广益

通过启发式的提问引导鼓励学员积极参与。归纳总结提出的各种要点、议题。归纳其相同点和不同点，并在培训板上收集论据。

（3）实地考察

考察需要除草抚育的地方，讨论：哪块地的除草任务最大，有关杂草的知识与除草的经验，建议采用的除草方法，全垦还是部分抚育，使用哪类工具。

准备一个 $100m^2$ 的地块示范各种除草方法。

①让学员按组集体除草。

②测算单位面积用工时间，换算成每亩或每公顷的工作日。

③用平均劳力和材料成本计算每种除草方法的成本。

④在黑板上归纳总结。

9.3.2　教学练习总结

简介：本教学包括除草松土的原理及常见的方法，松土除草的年限、次数和时间。培训最佳时间是造林开始后	目标：掌握除草松土的原理和方法；掌握松土除草的年限、次数和时间；能用化学除草剂除草	步骤：讲解松土除草的基础知识，练习不同的松土除草方法	培训对象：林农、林业工人
培训教师：林业技术推广人员	地点：实地考察、会议室	时间：至少 1d	培训人数：15~20 人

9.3.3　教学环节设计

时间	目的	内容及程序	材料
30min	布置会场，分组	自我介绍，学员之间互相介绍，讲解培训计划和时间安排，讲解为何要进行本培训介绍课程目标	无
1h	掌握除草松土的原理和方法	讲解并讨论松土除草的基本知识，集中掌握除草松土的原理及常见的方法；用启发式的提问鼓励大家讨论	黑板、培训板、技术传单
30min	掌握松土除草的年限、次数和时间	通过不同的松土除草年限、次数和时间的案例进行讲解分析；每个学员都应写出结论，并讨论得出正确答案	笔和纸
2h	实践	实地访问由农民经营的人工林，提出通过正确的松土除草的方式方法提高产量的建议	运输工具、笔和纸
2h	改进松土除草技术	实地选定需要松土除草的林分，示范松土除草的方式方法，然后让学员反复练习，并发技术传单	松土除草工具和除草剂

◯ 思考题

1. 简述人工林松土除草的作用。

2. 简述松土除草的方式和方法。

◯ 推荐阅读

1. 森林培育学(第 3 版)，翟明普、沈国舫，中国林业出版社，2016.

2. 森林营造技术(第 2 版)，张余田，中国林业出版社，2015.

3. 除草、松土及抹芽整枝措施对柚木生长的影响，李运兴，林业实用新技术，2014 (12).

单元 10　人工林修枝

修枝是森林经营一项重要的技术，尤其对资源贫乏的农户，通过修枝可获各种产品（燃料、饲料、木材），但此项措施往往运用不当，通常为了尽早获得收益而过度修枝。本单元集中讨论合理修枝的原理、工具和技术。

10.1　简介

10.1.1　自然整枝和人工整枝

①自然整枝　自然状态下，林木下部枝条因得不到光照，而枯萎脱落。
②人工整枝　人为去除林木下部的枯枝和活枝，使其形成良好干形和无节少节的良材。

10.1.2　人工整枝的意义

增强幼树树势，特别是促进树高生长旺盛，增加主干高度和通直度，减少节疤，提高干材质量，培养良好的冠形，使粗大侧枝分布均匀，形成主次分明的枝序，对减少病虫害及火灾的发生有重要的作用，并可满足对薪材的要求。但是，树木修枝的时间、强度、方法应该适当，否则对幼树的生长会造成不良的影响。何善情对湖南杉木人工速生丰产林进行修枝抚育试验表明，不同修枝强度和次数的林下植被种类和鲜重均存在极显著差异，但是林木生长并无显著差异。

10.1.3　人工林修枝的理论基础

（1）林木下部枝条枯死的原因
①树冠下部枝条上所着生的都是阴叶，由于光照不足，影响叶子的同化作用，造成营养贫乏，妨碍枝条的生长。
②由于含水量降低，下部枝条干缩，使枝条同树干的输导组织失去联系，导致枝条逐渐枯萎，林木下部枝条枯死。
（2）林木自然整枝的过程和树节的形成
①枝条枯死(枯死进程的影响因子)。
②枝条脱落(脱落影响因子)。
③死枝残桩(枝痕)被树干包被(死节形成)。

10.2　技术指南

现实生活中，人们常通过修枝来获取燃料和饲料，过度修枝、打侧枝会降低林木生长并最终留下死节。枝条为叶片的光合作用运送物质，是十分重要的，砍掉这些活着的枝条将降低光合作用，从而导致树木生长缓慢，但修剪掉活着的枝条时，如果能避免死节则会改善木材质量。过度修剪会减少树冠的光合作用面积，因而产生负面效应，导致树木生长缓慢、易生病，以及林分不稳定，难以抵御风害和虫害等。合理修枝，必须注意以下几方面的问题。

10.2.1 修枝林分和林木选择

①生长旺盛的中幼林。
②自然整枝不良的树种。
③树干和树冠没有缺陷、有培养前途的个体。

10.2.2 开始修枝的年限

树种不同，开始修枝的年限也不同。以用材林树种为例，一般生长较慢的阔叶树和针叶树，要在高生长旺盛期之后进行修枝，对直干性强的树种，如杉木、落叶松、云杉、水曲柳等，在幼林郁闭前一般不宜修枝，当林分充分郁闭，林冠下出现枯枝时才开始修枝。对于主干不明显，目的在于利用干材的树种和一些速生阔叶树种，如泡桐、白榆、樟树、栎类、黄檗等，开始修枝要早些，可以提早到造林后 2~3 年进行。

10.2.3 修枝季节

修枝应该在晚秋和早春树木休眠期进行。这时修枝不易撕裂树皮，且伤流轻，愈合快。但对萌芽力强的树种如刺槐、杨树、白榆、杉木等，也可在夏季生长旺盛期修枝，这时树木生长旺盛，伤口容易愈合，修枝后也能抑制丛生枝的萌生。切忌在雨季或干热时期修枝，以防伤口渍水感染病害或很快干燥影响愈合。伤流严重的树种，如核桃等，应在果实采收后修枝。

10.2.4 修枝强度

合理的修枝强度应当以不破坏林地郁闭和不降低林木生长量为原则。幼树修枝主要是修去树冠下过多而密的分枝，改善林分的通风、透光条件，以集中养分，促进主干生长。一般常绿树种、耐阴树种和慢生树种修枝强度宜小；落叶阔叶树种、喜光树种和速生树种修枝强度可稍大。树种相同，立地条件好、树龄大、树冠发育好者修枝可稍大；否则修枝宜小。通常情况下，在幼林郁闭前后，修枝强度为幼树高度的 1/3~1/2，随着树龄的增长，修枝强度可达树高的 2/3。

以生产果实为目的的经济林树种，修枝是为了促进其开花结实，在定植后 2~5 年，根据不同树种的要求剪去顶枝，使树冠发育均衡，并剪去过密枝、徒长枝、枯枝和病虫害枝，这样有利于树木生长和开花结实。

10.2.5 修枝方法

小枝可用锋利修枝剪或砍刀紧贴树干修剪或由下向上进行剃削，保证剪口和切口平滑，以利伤口愈合；对粗大枝条，用手锯由下向上锯开下口，然后从上往下锯，避免撕破树皮或造成粗糙的切口和裂缝，影响树木生长。

（1）修枝工具

常见的修枝工具有枝剪、高枝剪、气动树枝剪、树木修剪锯、电动修枝机等（图 2-10-1、图 2-10-2）。

图 2-10-1 手动修枝工具

图 2-10-2 电动修枝机

（2）大枝锯干方法

通常采用三锯法，第一锯从锯除枝干处的前 10cm 左右下锯，由下向上锯，深度为枝干粗度的 1/2 左右；第二锯向前 5cm 左右由上向下锯至髓心，使大枝断裂下来；第三锯锯平残桩，然后削平伤口，涂保护剂（石硫合剂、调和漆），促进伤口的愈合（图 2-10-3）。

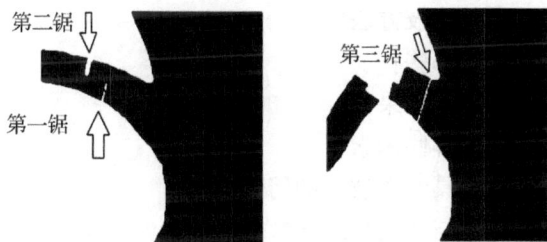

图 2-10-3 大枝三锯法示意

10.2.6 修枝切口的愈合

（1）切口类型（图 2-10-4）

①平切 贴近树干修枝。

②留桩 保留 1~3cm 枝桩。

③斜切 上口贴近树干，下口与树干成 45°角。

（2）切口愈合速度

①阔叶树种快于针叶树种。

②枝条越粗愈合越慢（修枝粗度限制）。

③庇荫有利于切口愈合。

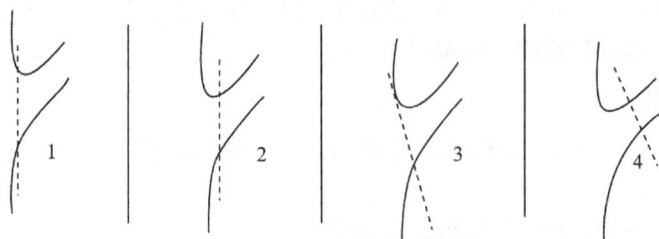

1、2. 平切；3. 斜切；4. 留桩

图 2-10-4　4 种修枝切口示意

10.3　教学指南

本单元教学最佳时间是在第一次修枝前。

10.3.1　教学方法说明

（1）室内培训

通过提问，讨论过度修枝的后果。

在完成图解课程之后，着重进行理论讲解，理解不同经营目标修枝的理由、过度修枝的负面影响，以及修枝时间表和技术，用启发方式提出以下问题：

问题 1：你了解或用过哪种修枝方法？

问题 2：过度修枝的影响有哪些？

问题 3：过度修枝将产生哪些后果？

问题 4：用材林修枝应考虑哪些因素？

问题 5：修枝要用到哪些工具？大枝应如何修剪？

问题 6：选择性修枝为何要与间伐相结合？何时开始？

（2）田间实习

①走访实习　教师与学员亲临农民经营的人工林。根据实际情况讨论如何通过修枝来提高产量和质量。

②实践实习　选一处需修枝的林分，向学员讲解哪些树需要修枝，为什么？在老师示范后，学员要学会选定对象并反复练习直到掌握技术。讲解各种工具的使用并选择树木进行练习，讨论修枝的正确高度。

10.3.2　教学练习总结

简介：本教学包括修枝理由和各种经营目标的修枝原理、计算修枝开始期，并用各种工具进行修枝练习。培训最佳时间是首次修枝之前	目标：掌握修枝的理由；掌握不同经营目标的修枝原理；能用各种工具进行合理修枝	步骤：讲解修枝的基础知识，练习一种修枝方法	培训对象：林农、林业工人
培训教师：林业技术推广人员	地点：实地、会议室	时间：至少 1d	培训人数：15~20 人

10.3.3 教学环节设计

时间	目的	内容及程序	材料
30min	布置会场，分组	自我介绍：学员之间互相介绍，讲解培训计划和时间安排，讲解开课目的，介绍课程目标	无
1h	掌握修枝的理由和修枝的原理	讲解并讨论修枝的基本知识，掌握不同经营目标林分修枝的理由，过度修枝的负面影响，修枝的时间表和技巧，用启发式的提问鼓励大家讨论	黑板、培训板、技术传单
30min	掌握何时修枝	结合不同示例讲解何时、用何种方法修枝；每个学员都应写出结论，并讨论总结	笔和纸
2h	实践	实地访问农民经营的人工林，讨论如何通过正确的修枝来提高产量	运输工具、笔和纸
5h	改进修枝技术	选定需要修枝的林分，示范如何选定修枝对象、修枝技术；示范运用各种修枝锯，然后让学员反复练习，并发技术传单	修枝工具

◯ 思考题

1. 简述自然整枝和人工整枝的含义。
2. 简述人工整枝的意义。
3. 试述人工整枝需要注意的问题。

◯ 推荐阅读

1. 森林培育学(第3版)，翟明普、沈国舫，中国林业出版社，2016.
2. 森林营造技术(第2版)，张余田，中国林业出版社，2015.
3. 森林经营技术(第2版)，刘进社，中国林业出版社，2015.
4. 修枝对杉木生长、林下光照及植被的影响，何善情，湖南林业科技，2020(1).

单元 11　人工林施肥灌溉

　　人工林的施肥灌溉是集约经营森林的重要技术措施之一。它可改善幼林营养状况和增加土壤肥力，促进幼林提早郁闭，提高林分质量，缩短成材年限，同时也是促进林木结实的有效措施。灌溉是造林和林木生长过程中人为补充林地土壤水分，提高造林成活率、保存率。本单元主要阐明施肥灌溉的特点及常见方法。

11.1　简介

11.1.1　人工林施肥的特点

　　①林木系多年生植物，以施长效有机肥为主。
　　②用材林以长枝叶及木材为主，应施用以氮肥为主的完全肥料。幼林适当增加磷肥，

对分生组织的生长、迅速扩大营养器官等有很大作用。

③林地土壤，尤其是针叶林下的土壤酸性较大，对钙质肥料需要量较多。

④有些土壤缺乏某种微量元素，在施用氮、磷、钾的同时，配合施入少量的锌、硼、铜等，往往对林木的生长和结实非常有利。

⑤幼林杂草较多，施肥与化学除草剂的施用结合效果更佳。

11.1.2　人工林施肥的方法

幼林的施肥方法包括手工施肥、机械施肥和飞机施肥等。

林木是多年生植物，栽培周期长，最好在采伐利用前进行多次施肥。施肥应以3个时期为主，即造林前后、全面郁闭以后和主伐前数年。造林前施肥可在整地时结合施基肥（撒施或穴施），直播造林时可用肥料拌种或拌菌根土后播种。实生苗造林可使用蘸根肥。造林后施肥，多结合幼林抚育在松土后开沟施肥，但也可全面撒施。全面郁闭后和主伐前施肥，可用人工、机械或飞机全面撒肥。

施肥量可根据树种的生物学特性、土壤贫瘠程度、林龄和施用的肥料种类确定。施肥深度一般应使化肥或绿肥埋覆在地表以下20~30cm或更深一些的地方。

11.1.3　人工林灌溉的特点和方法

灌溉方法包括漫灌、畦灌、沟灌、喷灌、滴灌等。漫灌工效高，但用水量大，且要求土地平坦，否则容易引起土壤侵蚀和灌水量不均匀。畦灌应用方便，灌水均匀，节省用水，但要求作业细致，投入较大。沟灌的利弊介于漫灌和畦灌之间。喷灌和滴灌是现代化的灌溉方法，在坡度较大的丘陵山地，应逐步改用喷灌装置。

幼林灌溉可以遵循量多次少的原则，以形成较大的湿润强度，延长灌水间隔期，减少灌溉次数。一般两次灌溉间隔期以保持土壤含水量在最大田间持水量的60%以上为宜。灌溉后要及时松土，减少土壤水分蒸发，提高灌溉效果。

在多雨季节或湖区、低洼地造林，由于雨水过多或地下水位过高，往往会造成林地积水，可采用高垄、高台等降低水位的整地方法造林，同时，在林地内修好排水沟，多雨季节及时排除积水，增加土壤通气性，促进林木生长。

11.2　技术指南

11.2.1　林地施肥的技术要求

林地施肥一定要注意提高肥料利用率，提高经济效益，做到合理施肥。在实施过程中，要遵循以下几个技术要求。

（1）明确施肥目的

以促进林木生长为主要目的时，应考虑林木的生物学特性，速效养分与迟效养分相配合，适时施肥；以改良土壤为主要目的时，则应以有机肥为主。

（2）结合土壤进行施肥

依据土壤质地、结构、pH 值、养分状况等，确定合适的施肥措施和肥料种类。如缺乏有机质和氮的林地，以施氮肥和有机质为主；红壤、赤红壤、砖红壤林地及一些侵蚀性土壤应多施钾肥；砂土每次施追肥的用量要比黏土少。减少土壤 pH 值可施硫酸亚铁，提高土壤 pH 值可施生石灰。

（3）结合木林进行施肥

不同的树木有不同的生长特点和营养特性，同一种树木在不同的生长阶段营养要求也有差别。阔叶树对氮肥的反应比针叶树好；豆科树木大多有根瘤，它们对磷肥反应较好；橡胶树要多施钾肥；幼树主要是营养生长，以长枝叶为主，对氮肥的需求量较大；母树施以磷、钾为主的氮磷钾全肥，可以提高结实量和种子的质量。

（4）结合气候进行施肥

在气候诸因素中，温度和降水对施肥的影响最大，它们不仅影响林木吸收养分的能力，而且对土壤中有机质的分解和矿物质的转化，对养分移动及土壤微生物的活动等都有很大影响。例如，氮肥在湿润条件下利用率高，雨后追肥宜用氮肥；磷肥叶面喷洒时，在干热天气条件下效果好。一般土壤温度在 6～38℃，随着温度的升高，根系吸收养分的速度加快。最适宜根系吸收养分的温度是 15～25℃。光照充足，光合作用增强，同时对养分的吸收量也多，因此随着光照增加可适当增加施肥量。

（5）结合肥料特性进行施肥

不同肥料的养分含量、溶解性、酸碱性、肥效快慢各不相同。选用时要结合肥料的性质与成分，根据土壤肥力状况，做到适土适肥、用量得当。用量少，达不到施肥的目的；用量过多，不仅造成浪费，还会出现环境污染等副作用。磷矿粉、生石灰仅适用于酸性土壤，石膏、硫黄仅适用于碱性土壤；改良碱性土，宜选用酸性无机肥料，同时大量施用有机肥；改良酸性土，宜选用碱性肥料和接种土壤微生物，配以大量有机肥。

11.2.2 林地施肥主要类型

（1）撒施

撒施是指肥料直接均匀撒在地面上或与干土混合后均匀撒在地面上，然后覆土或灌溉。撒施肥料时，要避免撒到林木叶片上。撒施追肥以性质较稳定的肥料为宜。

（2）条施

条施又称沟施，是指在林木行间或近根处开沟，将肥料施入沟内，然后覆土。既可液体追肥也可干施。液体追肥，应先将肥料溶于水，浇于沟中；干施时，为了撒施均匀，可用干细土与肥料混合再撒于沟中，最后用土将肥料进行覆盖。沟的深度依肥料性质和林木根系发育状况而定，一般 7～10cm 为宜。沟施的优点是养分集中在根系附近，利用率高，避免挥发或淋失，但花费的时间和人力较多。

（3）灌溉施肥

肥料随同灌溉水进入林地的过程称为灌溉施肥。也可将肥料溶解于水中，浇在行间沟或穴内，浇后覆土。如有滴灌设施，可将肥料溶于水中，通过管道设施以水滴方式浇灌。灌溉施肥可以节省肥料的用量和控制肥料的入渗深度，同时可以减轻施肥对环境的污染。在干旱年份或干旱地区浇灌效果更好。

（4）根外追肥

根外追肥又称叶面追肥，是把速效肥料溶于水中，然后喷施于林木的叶片上。根外追肥的优点是见效快，能及时供给林木急需的营养元素。根外追肥一般在急需补充磷、钾或微量元素时应用。根外追肥一般要喷 3~4 次，才能取得较好效果。如果喷后 2d 内降雨，雨后应再喷 1 次。根外追肥的不足之处：喷到叶面上的肥料溶液容易干，不易被林木全部吸收利用，根外追肥利用率的高低，很大程度上取决于叶片能否重新被湿润。根外追肥的施肥效果不能完全代替土壤施肥，它只是一种补充施肥方法。

（5）飞机施肥

飞机施肥不受地面交通条件限制，节省劳力，施肥周期短，适宜大面积林区采用。飞机施肥在发达国家和地区应用较为普遍。如瑞典在近熟林时期用飞机追施氮肥，每公顷施135kg，可使林木生长量增加 15% 左右。飞机施追肥要选择晴朗天气，要选用颗粒大的尿素或硝酸钙等化肥。因肥料颗粒大，易落到地面，效果好。

（6）测土配方施肥

测土配方施肥是以肥料田间试验、土壤测试为基础，根据植物需肥规律、土壤供肥性能和肥料效应，在合理施用有机肥料的基础上，制定氮、磷、钾及中、微量元素等肥料的施用品种、数量、时期和方法。国际上通称的平衡施肥，是联合国在全世界推行的先进技术：

①测土　取土样测定土壤养分含量。

②配方　对土壤的养分进行诊断，按照植物需要的营养"开出药方、按方配药"。

③合理施肥　在科技人员指导下科学施用配方肥。包括 5 个核心环节：测土、配方、配肥、供应、施肥指导；11 项重点内容：野外调查、采样测试、田间试验、配方设计、校正试验、配方加工、示范推广、宣传培训、数据库建设、效果评价和技术创新。

11.2.3　人工林灌溉的方法

目前，我国重点推广的节水灌溉技术包括低压管道输水灌溉技术、喷灌技术、微灌技术、集雨节水技术、抗旱保水技术等。

（1）低压管道输水灌溉

低压管道输水灌溉又称管道输水灌溉，是通过机泵和管道系统直接将低压水引入田间进行灌溉的方法。这种利用管道代替渠道进行输水灌溉的技术，既避免了输水过程中水分蒸发和渗漏损失，又节省渠道占地，能够克服地形变化的不利影响，省工省力。一般可节水 30%、节地 5%。

（2）喷灌

喷灌是目前南方山区较为常用的一种灌溉方式。它是利用专门设备把水加压，使灌溉水通过设备喷射到空中形成细小的雨点，像降雨一样湿润土壤的一种方法。它的优点是能适时适量地给林木提供水分，比地面灌溉省水 30%~50%；水滴直径和喷灌强度可根据土壤质地和透水性大小进行调整，这样不破坏土壤的团粒结构，保持土壤的疏松状态，不对土壤产生冲刷，使水分都渗入土层内，避免水土流失；可以腾出占总面积 3%~7% 的沟渠占地，提高土地利用率；适应性强，不受地形坡度和土壤透水性的限制。

施行喷灌的技术要求：风力在 3~4 级及以上时，应停止喷灌，刮风会增加蒸发，影响喷灌的均匀度；一般情况下水喷洒到空中，比在地面的蒸发量大，如在午后或干旱季节，空气相对湿度低，蒸发量更大，水滴降到地面前可以蒸发掉 10% 以上，因此，可以在夜间风力较小时进行喷灌，以减少蒸发损失。

（3）微灌

微灌包括滴灌、雾灌、渗灌、小管出流灌溉、微喷灌等。滴灌是利用滴头（滴灌带）将压力水以水滴状或连续细流状湿润土壤进行灌溉的方法，可计算机控制自动化运行；雾灌技术是近几年发展起来的一种节水灌溉技术，集喷灌、滴灌技术之长，因低压运行，大多是局部灌溉，故比喷灌更为节水、节能，雾化喷头孔径较滴灌滴头孔径大，比滴灌供水快；渗灌是利用一种特制的渗灌毛管埋入地表以下 30~40cm，压力水通过灌毛管管壁的毛细孔以渗流形式湿润周围土壤的一种灌溉方法；小管出流灌溉是利用直径 4mm 的塑料管作为灌水器，以细流状湿润土壤进行灌溉的方法；微喷灌是利用微喷头压力水以喷洒状湿润土壤的一种灌溉方法。

11.3 教学指南

11.3.1 教学方法说明

（1）室内培训

在完成图解课程之后，着重进行理论讲解，用启发方式提出以下问题：

问题一：大家平时如何施肥和灌溉？

问题二：林地施肥和灌溉有哪些作用？

问题三：施肥的特点和方法有哪些？

问题四：灌溉的特点和方法有哪些？

（2）田间实习

①教师与学员亲临农民经营的人工林，根据物种不同或者同物种不同生长期等条件，现场演示所施肥料的不同。

②教师与学员亲临农民经营的人工林，根据不同的地形，现场演示不同的灌溉方法。

11.3.2 教学练习总结

简介：本教学包括人工林施肥灌溉的原理、特点及常见方法	目标：掌握施肥灌溉的原理和方法；掌握林地施肥的技术要求	步骤：讲解施肥灌溉的基础知识，练习各种施肥灌溉方法	培训对象：林农、林业工人
培训教师：林业技术推广人员	地点：实地、会议室	时间：至少 1d	培训人数：15~20 人

11.3.3　教学环节设计

时间	目的	内容及程序	材料
30min	布置会场，分组	自我介绍：学员之间互相介绍，讲解培训计划和时间安排框架；讲解为何要开这门课，介绍课程目标	无
1h	掌握施肥灌溉的原理、特点和方法	讲解并讨论施肥灌溉的基本知识，集中掌握包括施肥灌溉的原理及常见的方法；用启发式的提问鼓励大家讨论	黑板、培训板、技术传单
30min	掌握施肥的技术要求和各种灌溉方法	结合不同施肥灌溉示例进行讲解；每个学员都应写出结论，并讨论出正确答案	笔和纸
2h	实践	走访农民经营的人工林，建议如何通过正确的施肥灌溉方式方法提高产量	运输工具、笔和纸
2h	改进施肥灌溉技术	选定需要施肥和灌溉的林分，示范各种施肥灌溉的方式方法，然后让学员反复练习，并发技术传单	施肥挂该工具和各种肥料

◎ **思考题**

1. 简述人工林施肥和灌溉的作用。
2. 简述人工林施肥的方式及特点。
3. 简述人工林灌溉的方式及特点。

◎ **推荐阅读**

1. 森林培育学(第3版)，翟明普、沈国舫，中国林业出版社，2016.
2. 森林营造技术(第2版)，张余田，中国林业出版社，2015.
3. 森林经营技术(第2版)，刘进社，中国林业出版社，2015.

第三部分 森林经营规划

单元1 森林经营作业法

森林经营作业是对现有森林资源开展生产、维护、管理的活动，在林业建设中是一项十分重要的工作，与林业产业的可持续发展密切相关。从某种程度上讲，生长良好的森林是合理经营作业的结果。合理的森林经营作业能够大幅提高森林质量，全面提升森林多种功能，满足社会的多样化需求，反之则会造成森林生态系统功能退化，使林业生产遭受损失。随着林权改革的深入及生态文明建设的推进，森林经营既面临新的发展机遇，也面临新的问题挑战，掌握森林经营基础知识和经营技术，对指导林业生产、实现传统林业向新时代林业转变具有十分重要的意义。

1.1 简介

森林经营是林业的热点问题之一，其核心内容主要是指从幼龄林开始，根据特定森林类型的立地环境、主导功能、经营目标和林分特征所采取的抚育、改造、保护、采伐更新等一系列技术措施的综合，是针对林分现状，围绕经营目标所设计和采取的贯穿于森林建立、培育到收获利用的森林经营全周期、全过程的技术体系。

广义的森林经营是指各种已有森林培育措施的总称，即对现有森林进行科学培育，以提高森林的产量和质量的生产经营活动总称，具体内容包括林地培育、林木抚育、林分抚育、林分改造、护林防火、封山育林、病虫害防治、采伐更新等各项生产培育活动。狭义的森林经营则是指为提高森林质量、获得木材和其他林产品、发挥森林的多种效益而进行的营林活动，主要包括林地培育、林木抚育、林分抚育、林分改造、主伐更新、封山育林等内容。由于森林防火、病虫害防治等内容独立性较强，已自成一门课程，在后续章节有相关介绍，本单元从狭义的角度进行阐述。

1.1.1 森林抚育、培育与森林经营的关系

森林抚育是指幼林郁闭后、主伐利用前围绕培育目标所采取的营林措施的总和，主要包括抚育间伐、人工整枝、林地管理。

森林培育是指从林木种子采集、苗木培育、整地造林到幼、中龄林抚育、低效林改

造、成熟林采伐更新等整个育林营林过程。

由此可以看出，森林抚育是森林经营工作的组成部分，森林经营是森林培育工作的组成部分。

1.1.2 主要的森林经营技术

①林地抚育管理技术 包括林地施肥、林地灌溉与排水、林地松土与除草等。目的是防止地力衰竭、提高土壤肥力。

②林木抚育技术 包括林木修枝、摘芽、除萌、除蘖等，目的是促进林木生长，提高木材质量。

③林分抚育间伐技术 是指对幼、中龄林调整密度、合理采伐的抚育措施，目的是提高林分质量、促进保留木生长、缩短工艺成熟龄、提高大中径材的出材率、提高生态效益及经济效益。

④森林主伐更新技术 是指对成熟林分或林分中的成熟木进行采伐更新，有皆伐更新、渐伐更新、择伐更新3种方式。另外还有矮林作业、中林作业技术。

⑤森林采伐技术 包括森林采伐作业的组织管理、伐木技术、伐木工具的使用和保养、造材、集材、运材、清理伐区技术等。

⑥封山育林技术 利用森林的更新能力，对自然条件适宜的山区实行定期封山，禁止垦荒、放牧、砍柴等人为的破坏活动，以恢复森林植被的一种育林方式。

1.1.3 森林作业法

（1）基本概念

森林作业法是指根据特定森林类型的立地环境、主导功能、经营目标和林分特征所采取的造林、抚育、改造、采伐、更新造林等一系列技术措施的综合。森林作业法是针对林分的初始条件，围绕森林经营目标而设计的技术体系，应当贯穿于森林建立、培育到收获利用的森林经营全周期，一经确定应该长期持续执行，不得随意更改。

（2）森林作业法的主要类型

①一般皆伐作业法 适用于集约经营的商品林。通过植苗或播种方式造林，幼林阶段采取割灌、除草、浇水、施肥等措施提高造林成活率和促进林木早期生长。幼、中龄林阶段根据林分生长状况，采取透光伐、疏伐、生长伐和卫生伐等抚育措施调整林分结构，促进林木快速生长。对达到轮伐期的林木短期内一次皆伐作业或者几乎全部伐光（可保留部分母树）。伐后采用人工造林更新或人工辅助天然更新恢复森林。

②镶嵌式皆伐作业法 适用于地势平坦、立地条件相对较好的区域，林产品生产为主导功能的兼用林；也适用于低山丘陵地区速生树种人工商品林。该作业法在一个经营单元内以块状镶嵌的方式同时培育2个以上树种的同龄林。每个树种培育过程与一般皆伐作业法大致相同。更新造林和主伐利用时，每次作业面积不超过$2hm^2$。皆伐后采用不同的树种人工造林更新或人工促进天然更新恢复森林。该作业法的优点：一次采伐作业面积小，避免了对环境的负面影响，能保持森林景观稳定，维持特定的生态防护功能。

③带状渐伐作业法　适用于多功能经营的兼用林，也适用于集约经营的人工纯林。该作业法以条带状方式采伐成熟的林木，利用林隙或林缘效应实现种子传播更新，并提高光照来激发林木的天然更新能力，实现林分更新，是培育高品质林木的经营技术体系。该作业法的采伐作业以一个林隙或林带为核心向两侧扩大展开，每次采伐作业的带宽范围为1~1.5倍树高，通过持续采伐作业促进天然更新，形成渐进的带状分布同龄林。在立地条件适合的前提下，也可促进耐阴树种、中生树种和喜光树种在同一个林分内更新，形成多树种条带状混交的异龄林。

④伞状渐伐作业法　适用于多功能经营的兼用林，特别是天然更新能力好的速生阔叶树种多功能兼用林。该作业法是以培育相对同龄林，利用天然更新能力强的阔叶树种培育高品质木材的恒续林经营体系。森林抚育以促进林木生长和天然更新为目标，通常由疏伐、下种伐、透光伐和除伐构成，使得林分中的更新幼树在上一代林木庇荫的环境下生长，有利于上方遮阴促进幼树高生长，提高了木材产品质量，同时保持森林恒续覆盖和木材持续利用。该作业法根据具体树种的特性和生长区的光热条件等可简化为2~3次抚育性采伐作业，构成一个"更新—生长—利用"的经营周期。

⑤群团状择伐作业法　适用于多功能经营的兼用林，也适用于集约经营的人工混交林，是培育恒续林的传统作业法。该作业法以收获林木的树种类型或胸径为主要采伐作业参数，群团状采伐利用符合要求的林木，形成林窗，促进保留木生长和林下天然更新，结合群团状补植等措施，建成具有不同年龄阶段的异龄复层混交林。该作业法适用于坡度小于15°的山地或者平缓地区森林，以较低的经营强度培育珍贵硬阔叶树种和大径级高价值用材，兼具涵养水源、维持生物多样性、提供生态文化服务等生态功能。

⑥单株木择伐作业法　适用于多功能经营的兼用林，也适用于集约经营的人工林，属于培育恒续林的作业法。该作业法对所有林木进行分类，划分为目标树、干扰树、辅助树（生态目标树）和其他树（一般林木），选择目标树、标记采伐干扰树、保护辅助树。通过采伐干扰树、修枝整形、在目标树基部做水肥坑等措施，促进目标树生长，提高森林质量，提升木材品质和价值，最终以单株木择伐方式利用达到目标直径的成熟目标树。主要利用天然更新方式实现森林更新，结合采取割灌、除草、平茬复壮、补植等人工辅助措施，促进更新层目标树的生长发育，确保目标树始终保持高水平的生长、结实、更新能力，成为优秀的林分建群个体，保持森林恒续覆盖，维持和增加森林的主要生态功能，同时持续获取大径级优质木材。

⑦保护经营作业法　主要适用于严格保育的公益林经营。该作业法以自然修复、严格保护为主，原则上不得开展木材生产性经营活动，严格控制和规范林木采伐行为。可适度采取措施保护天然更新的幼苗幼树，天然更新不足的情况下可进行必要的补植等人工辅助措施，在特殊情况下可采取低强度的森林抚育措施，促进建群树种和优势木生长，促进和加快森林正向演替。因教学科研需要或发生严重森林火灾、病虫害，以及母树林、种子园经营等特殊情况，按《国家级公益林管理办法》有关规定执行。

根据《湖北省森林经营规划（2016—2050年）》，将全省森林作业法划分为24种，见表3-1-1。

表 3-1-1　湖北主要森林类型森林作业法

编号	名称	适用范围
1	杉木人工林皆伐作业法	幕阜山区、大别山区、大洪山区
2	杉木人工林择伐作业法	幕阜山区、大别山区、大洪山区、武陵山区、秦巴山区
3	湿地松人工林皆伐作业法	大洪山区、鄂北岗地和大别山区
4	湿地松人工林择伐作业法	大洪山区、鄂北岗地和大别山区
5	日本落叶松人工林皆伐作业法	武陵山区
6	日本落叶松人工林择伐作业法	武陵山区
7	马尾松人工林皆伐作业法	幕阜山区、大别山区、武陵山区、秦巴山区
8	马尾松人工林择伐作业法	幕阜山区、大别山区、武陵山区、秦巴山区
9	柏木人工林择伐作业法	武陵山区、秦巴山区
10	杨树人工林皆伐作业法	平原湖区
11	杨树人工林择伐作业法	平原湖区
12	针叶混交林择伐作业法	幕阜山区、大别山区、武陵山区、秦巴山区
13	栎类等阔叶混交林择伐作业法	幕阜山区、大别山区、武陵山区、秦巴山区
14	阔叶混交林择伐作业法	幕阜山区、大别山区、武陵山区、秦巴山区
15	马尾松-栎类针阔叶混交林择伐作业法	大别山区、武陵山区、秦巴山区
16	毛竹笋竹两用集约经营作业法	幕阜山区
17	油茶核桃等木本油料集约经营作业法	幕阜山区、大别山区、武陵山区、秦巴山区
18	珍贵树种(香樟/楠木)人工林择伐作业法	幕阜山区、大别山区、武陵山区、秦巴山区
19	珍贵树种(栎类)人工林择伐作业法	大别山区、武陵山区、秦巴山区
20	针叶混交林保护经营作业法	幕阜山区、大别山区、武陵山区、秦巴山区
21	栎类等阔叶混交林保护经营作业法	大别山区、武陵山区、秦巴山区
22	阔叶混交林保护经营作业法	幕阜山区、大别山区、武陵山区、秦巴山区
23	马尾松-栎类针阔叶混交林保护经营作业法	幕阜山区、大别山区、武陵山区、秦巴山区
24	针阔叶混交林保护经营作业法	幕阜山区、大别山区、武陵山区、秦巴山区

1.2　技术指南

1.2.1　森林作业法设计

森林作业法设计的内容包括作业法名称、森林对象或适用条件、目标林相(或发展类型)、全周期培育过程设计4个方面。

（1）作业法名称

采用"主要树种的森林类型+作业法"的格式命名，如杉木人工林择伐作业法、针阔叶混交林保护经营作业法等。特殊情况可以在名称中加入森林主导功能的描述，如油松+阔叶混交水土保持林。

（2）森林对象（适用条件）

简要描述某种森林作业法适用的地理地貌区域、森林植被类型、森林功能类型、主要土壤类型、土层和林地质量等级等。

（3）目标林相

森林经营以追求森林的稳定性、高价值、多样化和景观美化等森林特征为基本目标，目标林相描述实现了这些特征时的目标森林状态，这个目标状态的核心因子包括树种组成、层次结构、林分密度、目标直径、每公顷蓄积量水平、采伐与更新方式等指标因子。

（4）全周期培育过程设计

通过对森林生长（从森林形成、发展到实现目标林相）全过程中各阶段林分特征与对应经营措施的对比分析，编制森林生长与经营措施对应的全周期过程表。

1.2.2　森林作业法的相关措施

作业法的类型与不同森林类型、培育目标、现有森林资源特点有密切关系。以河北塞罕坝机械林场的华北落叶松人工纯林向异龄复层混交林演替经营择伐作业法为例，介绍森林作业法的基本过程及不同阶段抚育措施。

（1）森林对象或适用条件

适用于主导功能为生态防护，兼顾游憩、木材生产等培育目标的华北落叶松人工纯林，主要解决此林分存在的结构单一、天然更新能力弱、生态功能低下等主要问题，采用目标树单株抚育择伐作业。

（2）目标林相

华北落叶松-云杉、樟子松异龄复层混交林，为生态主导、兼顾游憩、用材生产的发展类型。林内上层落叶松大径级树木，次林层均匀分布云杉、樟子松等树种，下层植被茂密。华北落叶松目标树直径40cm、云杉直径55cm、樟子松直径50cm。

（3）全周期培育过程设计

针对塞罕坝大面积单层同龄人工落叶松纯林集中连片，树种单一，林下植被少，林分稳定性、抗逆能力和长势差，森林可观赏性低，森林结构亟待调整的问题，进行以下设计：

①林分建群阶段　造林或幼林形成阶段，提高造林密度至6660株/hm^{2}或4995株/hm^2，及早形成森林环境；严格管护，避免人畜干扰和破坏，及时割灌除草；出现枯死枝时，即开始修枝作业；清理枯死木、被压木。树高<4m。

②竞争生长质量形成的阶段　核心目标是促进林木高生长。此阶段采伐强度不宜过大，保持林分适当高密度，促进林木高生长；继续实施修枝作业，修枝高度要控制在3~3.5m；对生态辅助木进行抚育，对优势木层林木加大间伐强度，促进混交树种生长。树高4~8m。

③质量选择和生长抚育阶段　目标是通过目标树管理，促进林木径生长。每5年实施1次抚育作业，通过3~5次抚育，最终目标树密度维持在450株/hm^{2}左右，加快树冠生长。树高8~13m。

④目标树生长阶段　目标是通过抚育促进优势个体生长，提高林下幼树和混交树种的

数量和质量。逐渐减小目标树密度，控制在 225~300 株/hm²；在林冠下营造耐阴树种云杉，在林缘处营造樟子松；加强林下更新层的管理措施，实施适当的割灌除草作业，促进更新苗木生长。树高 13~17m。

⑤林分蓄积生长阶段　林下人工更新层进入次林层，林下乔灌草结构合理，林相由整齐的人工林转入异龄复层混交林；大量大径级林木出现；逐渐择伐部分大径级华北落叶松林木，加快次林层进入主林层。树高>17m。

1.3　教学指南

1.3.1　教学方法说明

提供某林场需要进行抚育间伐的基础数据，开展抚育间伐作业设计工作，以此检验学生对森林经营基础知识的掌握情况，加深对森林经营作业设计全部过程和方法的理解。

（1）理论讲解

通过完成抚育间伐作业设计，加深学生对森林经营活动的认识。将某个资料较为齐全的林场的资料分发给学生，对该林场需要进行抚育间伐的林分做简要的介绍和区划，带领学生重新回顾抚育间伐有关知识，如目的要求、技术方法等，为实际操作做好知识准备。

（2）实际操作

理论讲解完成之后，将学生分为 4 组，各组单独完成一份采伐作业设计，做好内业计算和设计工作，编制作业设计说明书。根据分发的资料，计算抚育间伐作业面积，确定抚育间伐方法和间伐强度，明确间伐剩余物的处理方法，计算出材量，安排施工时间和作业进度，保证作业质量，计算所需劳力和其他物资数量，计算作业费用。绘制作业设计图、编制作业设计表，并完成作业设计说明书，其内容包括作业区基本情况、技术措施设计、施工情况、收支概算等。

（3）归纳总结

召集全体学生共同讨论 4 种设计的优缺点，并确定最为合理的设计结果。若均存在瑕疵，需由教师进行补充和讲解，确定最终分类结果。

由各组派代表，向全体学生讲解自己小组作业设计的情况。每组讲解之后由其他组对其进行评价，指出优点和待改进之处。待 4 个小组全部展示完毕，综合各组设计的优缺点，形成最终的最优方案。

1.3.2　教学练习总结

简介：本教学包括森林经营作业法的概念、类型和作业法技术设计、相应技术措施	目标：通过培训，应掌握在近自然林森林经营不同阶段采取不同的作业法及措施	步骤：依照全国森林经营规划和湖北省森林经营规划开展学习内容，讲解概念、类型和技术设计及经营措施	培训对象：林农、林业工人、林场职工
培训教师：林业技术推广人员	地点：实地、会议室	时间：0.5d	培训人数：15~20 人

1.3.3 教学过程设计

时间	目的	内容及程序	材料
30min	布置会场，分组	自我介绍：学员之间互相介绍，讲解培训计划和时间安排框架，讲解为何要进行本单元培训，介绍课程目标	无
1h	掌握森林经营作业法的基本概念及类型	向学员发放湖北省森林经营规划相关资料，讲解概念和类型	黑板、演示文稿、培训资料
1h	掌握森林经营作业法技术设计过程及全周期技术措施	讲解森林作业法技术设计过程	笔和纸
2h	现场考察	带领学员亲临正在开展森林抚育间伐作业的地块，学员总结在全过程周期应该如何进行技术措施设计	运输工具、笔和纸

○ **思考题**

1. 简述森林经营作业法及类型。
2. 简述森林作业法的设计过程和相关措施。

○ **推荐阅读**

1. 全国森林经营规划(2016—2050 年).
2. 多功能人工林经营技术指南，陆元昌、刘宪钊、王宏等，中国林业出版社，2014.
3. 多功能森林经营：理论与实践，张军莲，湖北林业科技，2017，46(4).
4. 塞罕坝生态建设历程与可持续经营作业法，常伟强，安徽农学通报，2018，24(20).

单元 2 森林调查方法

森林调查具有一定的实用性和科学性，根据调查目的与精度的不同，调查的侧重点相应变化。森林调查法的原则是以森林的特点和调查目标为基础。本单元集中阐述进行森林调查时应重点考虑的方面。

2.1 简介

森林资源调查的目的是宏观掌握森林现状和动态，以便于科学合理地管理森林资源。森林资源以林木、林地以及生长在林区范围内的动植物及其环境条件为主，最基础的调查是树种组成，然后测量分布面积，进而分析林分大小、营林状况、蓄积量、年龄、生物多样性、森林健康、采伐设施、土壤等。从调查手段角度来说，传统的调查技术手段主要是对实际样地进行抽样调查，采用的调查工具包括测高器、皮尺、胸径尺和罗盘仪等。而由于新技术的出现，无人机技术、遥感技术等都广泛应用于森林调查工作之中。

2.1.1 森林资源调查的分类

（1）一类调查

一类调查即国家森林资源连续清查，是以掌握宏观森林资源现状与动态为目的，以省（自治区、直辖市）为单位，以固定样地为主进行定期复查的森林资源调查方法，是全国森林资源与生态状况综合监测体系的重要组成部分，5 年一个周期。清查结果具有权威性、连续性、可比性。在一般情况下，不要求落实到小地块，也不进行森林区划。当前大多采用以固定样地为基础的连续抽样方法。

（2）二类调查

二类调查即森林资源规划设计调查，是以国有林业局(场)、自然保护区、森林公园等森林经营单位或县级行政区域为调查单位，以满足森林经营方案、总体设计、林业区划与规划设计需要而进行的森林资源调查。其主要任务是查清森林、林地和林木资源的种类、数量、质量与分布，客观反映调查区域自然、社会经济条件，综合分析与评价森林资源与经营管理现状，提出森林资源培育、保护与利用意见。

（3）三类调查

三类调查即作业设计调查，是林业基层单位为满足伐区设计、抚育采伐设计等需要而进行的调查。要对林木的蓄积量和材种出材量做出准确的测定和计算。在调查过程中，对采伐木要挂号。根据调查对象面积的大小和林分的同质程度，可采用全林实测或标准地调查方法。

2.1.2 森林调查技术进展

以上 3 类调查方式都离不开传统的调查方法。对森林可持续经营而言，树高、胸径、蓄积量、植被、土壤等调查因子都是必不可少的。

（1）地基激光雷达技术

森林资源调查对调查技术的要求是不产生破坏性和准确获取信息，而地基激光雷达（terrestrial laser scanning，TLS）技术能够充分满足这一要求。它通过高分辨率冠层测量技术有效穿透森林，在对森林资源不产生任何损害的情况下准确获取研究区域内点云数据，通过不同区域内点数据构成森林资源科学研究的云数据信息，弥补传统调查方法的弊端，省时省力，又能减少工作量，还能有效减小人为测量误差。

（2）无人机航测技术

无人机航测技术是通过无人机获取地面影像数据生成数字表面模型和数字正射影像进行调查，主要获取冠幅、树高、面积、株数、密度和郁闭度等地面影像数据，精确度较高。

2.2 技术指南

虽然森林调查的新技术、新工具层出不穷，但是传统的森林调查技术仍然对于林业生产具有十分重要的意义，因此本单元主要讲解常见的调查技术。

2.2.1 胸高位置确定

胸高是指树干距离地面1.3m处，该高度处的树木直径称为胸高直径，简称胸径，测定立木树干直径时常常测量该位置直径。各国对此位置的规定略有差异，我国和欧洲一些国家取1.3m。胸径位置确定要注意以下两点：

①在坡地测定胸径位置，以树干坡上方胸高(1.3m)处为准。

②当胸高处出现节疤、突出或凹陷以及其他不规则的形状时，应在胸高上下距离相等而横断面形状较正常处，测取两个直径，取其平均数作为胸径。若遇到双权树，分权位置在1.3以下时，应按两株树木测定胸径；分权位置在1.3m以上时，应按一株树木测定胸径。

2.2.2 直径量测

直径量测分为围尺量测和轮尺量测(图3-2-1、图3-2-2)。

图3-2-1 围尺

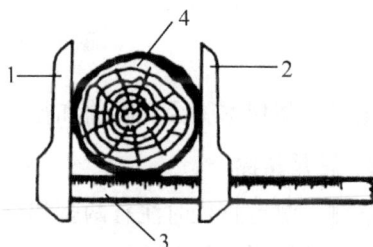

1. 固定脚；2. 滑动脚；3. 尺身；4. 树干横断面

图3-2-2 轮尺

（1）围尺量测

①测量 围尺量测时，围尺要拉紧并与树干保持垂直。用围尺量树干直径换算的断面积，一般稍偏大，这是因为树干横断面不是正圆。而在周长相等的平面中，以圆的面积最大。

②径阶整化 径阶整化方法：组距通常采用2cm或4cm，用上限排外法划分径阶。各径阶代表的范围见表3-2-1。

表3-2-1 径阶范围表   cm

组距	径阶	径阶范围	组距	径阶	径阶范围
2	2	1.0~2.9	4	4	2.0~5.9
	4	3.0~4.9		8	6.0~9.9
	6	5.0~6.9		12	10.0~13.9
	8	7.0~8.9		16	14.0~17.9
	10	9.0~10.9		20	18.0~21.9
	12	11.0~12.9		24	22.0~25.9
	…	…		…	…

如测得一断面实际直径为 5.9cm，按 2cm 径阶整化时应记作 6cm 径阶；按 4cm 径阶整化时记作 4cm 径阶。必须注意每次调查工作只能采用一种组距进行整化。为了提高工效，一般将测尺上的刻度直接按径阶的要求进行刻度整化，即在测尺上将各径阶值移刻在径阶范围的下限位置，如图 3-2-3 所示。测径时只需读最靠近滑动脚内缘的径阶值即可。

径阶范围的记忆方法：组距 2cm，下限 $n-1$，径阶 n，上限 $n+0.9$；组距 4cm，下限 $n-2$，径阶 n，上限 $n+1.9$。

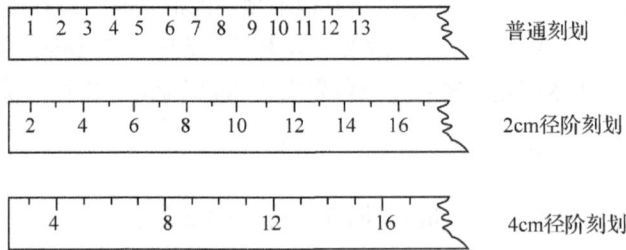

图 3-2-3　测尺与直径整化的关系

③记录　将树木胸径实际值和径阶值记录于表 3-2-2 中。

（2）轮尺量测

①量测　测定直径时注意两脚和测尺所构成的平面必须和树干轴垂直；测定直径时应先读数，再从树干上取下轮尺。

②径阶整化　轮尺整化的刻度方法是把各径阶中值刻划在该径阶的下限位置上。例如，若按 1cm 整化，则 8cm 径阶的位置在 7.5cm 处刻划；若按 2cm 整化，则 8cm 径阶的刻度位置是在 7cm 处；若按 4cm 径阶整化，则 8cm 径阶的位置在 6cm 处刻划。采用这种整化刻度的轮尺测定直径时，最靠近滑动脚内缘的刻度值，就是被测树木所属之径阶。

③记录　将树木胸径实际值和径阶值记录于表 3-2-2 中。

表 3-2-2　胸径测定记录表

观测者＿＿＿＿　　　　记录者＿＿＿＿　　　　计算者＿＿＿＿　　　　　　　　cm

树号	胸径(围尺测)		胸径(轮尺测)						不同工具所测胸径的差值	
			左右测直径		前后测直径		平均			
	实际值	径阶值	实际值	径阶值	实际值	径阶值	实际值	径阶值	实际值	径阶值

注：不同工具所测胸径的差值＝胸径(围尺测)－胸径(轮尺测)。

（3）林分平均胸径的计算练习

①平均胸径计算表（表3-2-3）

表3-2-3 平均胸径计算表

径阶	株数	断面积（m²）	断面积合计（m²）	计算结果
6	15	0.002 83	0.042 41	
8	36	0.005 03	0.180 96	$\bar{g} = \dfrac{G}{N} = \dfrac{2.255\ 19}{205} = 0.010\ 86\text{m}^2$
10	41	0.007 85	0.322 01	$\bar{D} = \sqrt{\dfrac{4}{\pi}\bar{g}} = 11.8\text{cm}$
12	50	0.011 31	0.565 49	或
14	38	0.015 39	0.584 96	
16	20	0.020 11	0.402 12	$\bar{D} = \sqrt{\dfrac{\sum n_i d_i^2}{\sum n_i}} = 11.8\text{cm}$
18	5	0.025 45	0.127 23	
总计	205		2.225 19	

②求算各径阶断面积合计 G_i

$$G_i = g_i n_i \tag{3-1}$$

式中 g_i——第 i 径阶断面积；

n_i——第 i 径阶林木株数。

③计算总断面积 G

$$G = \sum_{i=1}^{k} G_i = \sum_{i=1}^{k} g_i n_i \tag{3-2}$$

④计算平均断面积 $\bar{g}$

$$\bar{g} = G/N \tag{3-3}$$

式中 N——总株数。

⑤计算平均直径 $\bar{D}$

$$\bar{D} = \sqrt{\dfrac{4}{\pi}\bar{g}} \tag{3-4}$$

上述直径和断面积的换算可以直接从直径–圆面积表或圆面积合计表中查出，不必用公式计算。此外，平均直径也可用计算器按公式直接计算，公式为：

$$\bar{D} = \sqrt{\dfrac{\sum n_i \cdot d_i^2}{\sum n_i}} = \sqrt{\dfrac{\sum n_i \cdot d_i^2}{N}} \tag{3-5}$$

式中 d_i——第 i 径阶中值。

2.2.3 树高测量

（1）布鲁莱斯测高器测量树高（图3-2-4）

①选择测点 测点即测者所站位置，应能同时通视树顶和树基。测点到被测树木的距离与所测树木的高度相近。

②测定水平距离　用皮尺或视距器实测测点到被测树木水平距离。为了便于读树高，所测水平距离应为度盘上所标水平距离(15m、20m、30m、40m)的一种。

③测定树高　按下启动钮放松指针，通过瞄准器瞄准树顶片刻后按下制动钮，在度盘上读数(在和所测水平距离相同的条带内)，得出水平视线到树顶的高度 CB 及水平视线到树基的高度 BD，如图3-2-5所示。所测树木全高为：$H=CB+BD$。在坡地上，先观测树梢，求得 h_1；再观察树基，求得 h_2。若两次观测符号相反(仰视为正，俯视为负)，则树木全高 $H=h_1+h_2$；若两次观测符号相同，则 $H=h_1-h_2$(图3-2-6)。

④记录　将测量值记录在表3-2-4中。

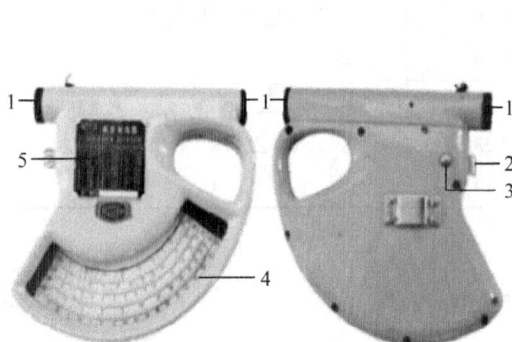

1. 瞄准器；2. 制动钮；3. 启动钮；4. 度盘和指针；5. 视距器

图3-2-4　布鲁莱斯测高器

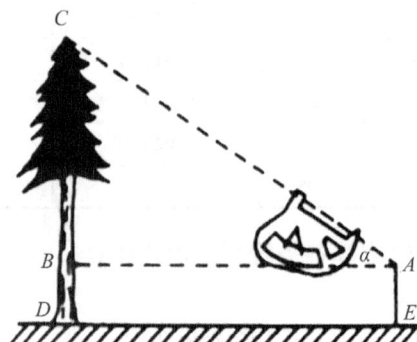

AB 为水平距离；AE 为眼高；α 为仰角

图3-2-5　布鲁莱斯测高器原理

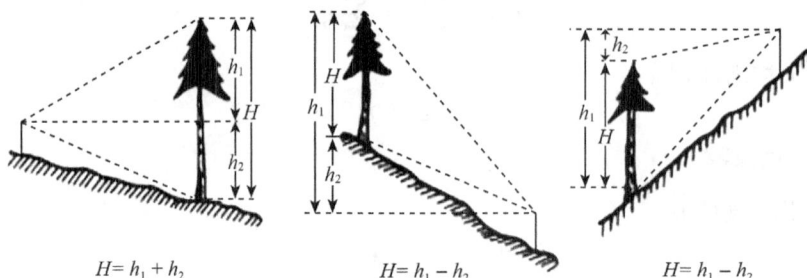

$H=h_1+h_2$　　　　$H=h_1-h_2$　　　　$H=h_1-h_2$

图3-2-6　在坡地上测树高

表3-2-4　不同工具测定树高记录表

观测者：　　　　　记录者：　　　　　计算者：　　　　　　　　　　　　　　　　　　　　m

树号	布鲁莱斯测高器			克里斯登测高器	罗盘仪			
	水平距	仪器读数			水平距	测定高度		树高
		树顶	干基	树高		树顶	干基	

⑤注意事项　使用布鲁莱斯测高器，其测高误差为±5%。为获得比较正确的树高，应注意以下几点：选择的水平距离应尽量接近树高，在这种条件下测高误差较小；当树高<5m，不宜使用布鲁莱斯测高器，可采用长杆直接测高；对于阔叶树应注意确定主干梢

头位置，以免测高值偏高或偏低。

（2）克里斯登测高器测量树高

使用克里斯登测高器时，先将固定高度的标尺立于树旁，然后选择一个能同时望见树梢、树根基及标尺端的地方，用手轻拿仪器，使其自由垂直于地面，屈伸手臂，使视线能沿上钩仰视树梢，同时沿下钩俯视树脚（仰视及俯视时应保持头部不动），然后移动视线（头部仍保持不动），看树旁标尺顶端，视线所通过的刻度数，即为树高。具体步骤如下：

①立标尺　把 2m 长的标尺垂直立于被测树干基部或在被测树干 2m 高处标以记号。

②选测点　选定能同时看到树顶和树基的位置，观测者伸出左手，持测尺上端使其自然下垂，再借人的进退或手臂的伸屈调节，使视线恰能通过上拐脚瞄准树顶，同时通过下拐脚瞄准树基，使两拐角之间刚好卡住被测树干全高。

③测定树高　观测者头部不动，迅速移动视线看标尺顶端或树干上 2m 标记，读出该点树高值。

④记录　将测量值记录在表 3-2-5 中。

克里斯登测高器的优点是不需要测量观测者到被测木的水平距离，一次性就可以测得树高，使用熟练后可以提高工作效率。缺点是观测时要求视线同时卡住 3 个点，掌握比较困难。另外，由于树高越高，在测尺上刻划越密，分划越粗放。因此，在测定 20m 以上的树高时，误差较大，故此仪器适用于测定树高在 20m 以下较低矮的树木，超过 20m，读数准确性会降低。

（3）罗盘仪测量树高

①量测水平距离　用皮尺测定测者到被测木之间的水平距离 l。

②测定树高　用罗盘仪（图 3-2-7）分别瞄准树梢、树基，读取倾斜角分别为 a、b，计算得到：$h_1 = l \cdot \tan b$，$h_2 = l \cdot \tan b$。当树梢、树基倾斜角方向相同时，树高 H 计算公式为：$H = h_1 - h_2$，当树梢、树基倾斜角方向不相同时，$H = h_1 + h_2$。

③记录　将测量值记录在表 3-2-5 中。

④注意事项

• 测高时测点必须同时看见树顶和树基，同时要注意正确选择和看清树顶（树顶指树木最高处的顶芽，而非直立的树叶顶端）。对于平顶树木不要把树冠边缘当作树顶。

• 测者与被测树木距离不宜过大或过小，一般是水平距离与树高大约相等或稍远些。否则会产生较大的误差。

• 可从两三个不同方向观测测定树高，取其平均

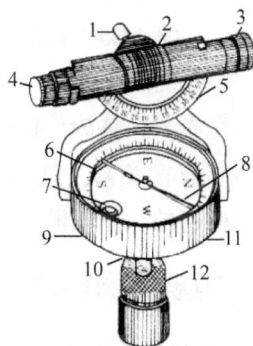

1. 望远镜制动螺旋；2. 对光螺旋；
3. 望远镜物镜；4. 望远镜目镜；
5. 竖直度盘；6. 水平度盘；
7. 圆水准器；8. 磁针；
9. 罗盘盒；10. 水平制动螺旋；
11. 磁针制动螺旋；12. 球臼

图 3-2-7　罗盘仪

值作为树高，以减少误差。

• 在坡地上测高，测者最好在被测树木等高位置或稍高些的地方，并宜采用仰俯各测一次计算树高的方法。

（4）测量误差比较

①计算　以罗盘仪测定的树高为实测值，计算其他测高方法的误差率。

$$误差率(\%) = \frac{测定值 - 实际值}{实际值} \times 100 \tag{3-6}$$

②记录　将计算结果记录在表 3-2-5 中。

表 3-2-5　不同工具测定树高精度比较表

观测者：　　　　　　　记录者：　　　　　　　计算者：

树号	布鲁莱斯测高器测量树高(m)	克里斯登测高器测量树高(m)	罗盘仪测量树高(m)	误差率(%)

（5）林分平均高计算练习

①典型抽样法　目测选出 3～5 株中等大小的林木，目测或用测高器测定其树高，以其算术平均值作为林分的平均树高。

$$\overline{H} = \frac{\sum\limits_{i=1}^{n} h_i}{n} \tag{3-7}$$

式中　$\overline{H}$——平均树高；

　　　h_i——第 i 株树木的树高；

　　　n——测高株数。

②转换系数推算法　根据同龄纯林树高结构规律，利用最大树高 h_{max}、最小树高 h_{min} 与平均树高 $\overline{H}$ 的关系，量测林分最大树高和最小树高，据此近似地求出林分平均高，作为目测平均树高的一个辅助手段。按式(3-7)即可计算林分平均高。

2.2.4　角规测树技术

（1）角规绕测操作

①角规点的位置不能任意移动　通过角规视角观测树干时，必须保持视角顶点位于观测点的垂直线上，如待测树干胸高部位被树木或灌木遮挡，可稍离观测点在其左、右侧观测，但应保持观测点到被测树树干中心的水平距离不变，观测完毕，应立即回原观测点继续绕测。

②绕测必须瞄准胸高部位　为了加快观测速度，可先瞄准胸高以上位置，如该处断面已与视角两视线相割或相切，即可计数 1 株。

③临界树要仔细判断　通过视角的视线明显相割或相离的树木容易确定，接近相切临界状态的树木往往难以判断，而临界树又是很少的，对于难判断相切与否的树木，可进行角规控制检尺，即实测该树木胸径 d，并用皮尺量出测点与树干中心的距离 S，先按临界距公式计算该直径树木的样圆半径 R：

$$\left.\begin{array}{l} R = \dfrac{50d}{\sqrt{F_g}} \\[3mm] R = \dfrac{L}{l}d \end{array}\right\} \tag{3-8}$$

或

当角规常数

$$
\begin{array}{ll}
F_g = 0.5\ 时， & R = 70.71d; \\
F_g = 1.0\ 时， & R = 50.00d; \\
F_g = 2.0\ 时， & R = 35.36d; \\
F_g = 4.0\ 时， & R = 25.00d。
\end{array}
$$

再根据实际水平距离 S 与样圆半径 R 的关系来判断。如果 $S<R$，树木位于样圆范围内，则相割；如果 $S=R$，树木正好位于样圆边界上，则相切；如果 $S>R$，树木位于样圆范围外，则相离。

【例 3-1】采用角规（角规系数 $F_g=1$）进行观测时，有一树木经实测其胸径为 14.6cm，量得角规观测点至树木中心位置水平距离为 7.5m，则由式（3-8）可知：

该树木直径的样圆半径 $R = 50d/\sqrt{F_g} = 50.00 \times 14.6\text{cm} = 7.3\text{m} < S = 7.5\text{m}$，说明该树木位于样圆范围外，即相离，不计数。

④必要时可采用正、反时针方向绕测两次，在计数值相差不超过 1 时，取两次观测平均数的办法来提高精度（图 3-2-8）。

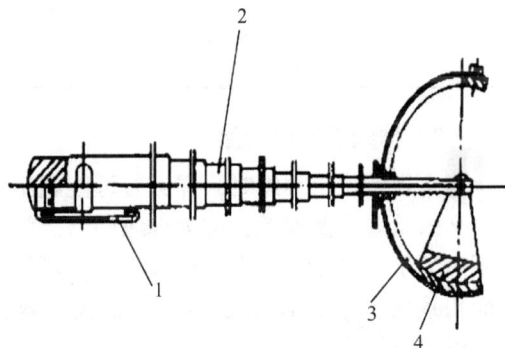

1. 挂钩；2. 指标拉杆；3. 曲线缺口圈；4. 平衡座
图 3-2-8　自动曲线角规

（2）角规常数的选择

角规常数越小，计数树木株数越多，精度也相应越高。但因其观测最大距离较大，疑难的边界树和被遮挡树也会增多，影响工效并容易出错。如选用大的角规常数，其优缺点恰好相反。一般认为，以每个测点的计数株数在 15 株左右较适宜。根据经验，在不同的林分测定断面积时，可根据林分平均直径大小、疏密度、通视条件及林木分布状况等因素选用适当的角规常数，见表 3-2-6。

为了保证角规常数的正确，要随时检查角规缺口与杆长的比值，特别是使用角规片时，一定要保证绳长值的固定，否则角规缺口与杆长的比值变动，断面积系数也相应发生变化，则必然引起林分每公顷胸高断面积测定误差。

表 3-2-6　林分特征与选用角规常数参数表

林分特征	角规常数(F_g)
平均直径 8~16cm，疏密度为 0.3~0.5 的中龄林	0.5
平均直径 17~28cm，疏密度为 0.6~1.0 的中、近熟林	1.0
平均直径 28cm 以上，疏密度为 0.8 以上的成、过熟林	2 或 4
	2 或 4

（3）林缘误差的消除

当角规点位于林缘时，样圆有可能超出林地边界范围。因样圆超出林地边界范围以外而带来的角规绕测误差，称为林缘误差。消除林缘误差的方法是，角规点离林分边界的水平距离大于或等于最大有效样圆半径。可根据林缘附近最粗树木的胸径 d_{max} 及所用角规的断面积系数 F_g，按式(3-8)计算出最大有效样圆半径 R_{max}，并以此划出林缘带，不在林缘带内设置角规点。

【例 3-2】测得林分边缘最粗树木直径 $d_{max} = 38cm$，若用 $F_g = 1$ 的角规，则最大有效样圆半径为：

$$R_{max} = \frac{50}{\sqrt{F_g}} \times d_{max} = 50 \times 38cm = 19m$$

在随机或机械布点抽样调查时，角规点的位置已落在调查总体林缘上，此时又不能人为主观地随意移动点位。可按上述方法，先计算出最大有效样圆半径 R_{max}，以此距离作为宽度划出林缘带。当角规点落在此带内时，可只面向林分内绕测半圆（即作半圆观测），将计数株数乘以 2 作为该角规点的全圆绕测值。如果边界变化复杂，还可绕测 120°、90°、60° 或 30°，再将计数株数分别乘以 3、4、6、12。由于抽样调查时落在靠近边界的样点数相对较少，当调查点数较多时，这样做的结果对总体一般不会产生太大影响。

（4）角规点的位置选择和数量确定

在林分调查时，角规绕测属于点抽样调查方式，布点时可按随机或机械方式进行；避免在过疏或过密处设置角规点，在保证调查点的位置有充分代表性的基础上，还应根据调查目的和精度要求确定角规点的数量，如福建省在伐区调查中规定，要保证调查精度大于85%，则要求4hm²设15个角规点，每增2hm²增设2~3个角规点；如果采用典型取样，也可参考表3-2-7中的规定确定角规观测的点数。

表3-2-7　林分调查角规点数的确定（$F_g = 1$）

林分面积（hm²）	1	2	3	4	5	6	7~8	9~10	11~15	>16
角规点个数（个）	5	7	9	11	12	14	15	16	17	18

注：引自《森林资源规划设计调查技术规范》（GB/T 26424—2010）。

（5）角规绕测与计数

为了观测部位的准确，可先标示出测点周围有可能观测的树木的胸高位置。分别用水平角规、片形角规（角规片）和自平曲线角规，在测点上将无缺口的一端紧贴于眼下，选一起点，用角规依次观测周围所有林木的胸高部位，顺、逆时针方向绕测周围树木的胸高断面积两次，按角规计数原则分别将计数值记录在表3-2-8中，在符合精度（计数值误差<1）后，计算平均计数值。

表3-2-8　角规测定计算表

角规点	树种1			树种2			……	树种组成	疏密度	每公顷株数（株）	每公顷断面积（m²/hm²）	每公顷蓄积量（m³/hm²）
	G_j	h	d	G_j	h	d						
合计												
平均												

调查者：　　　　　　检查者：　　　　　　调查日期：

①凡缺口的两条视线与胸高断面相割的树木，计数为1。
②凡缺口的两条视线与胸高断面相离的树木，不计数。
③凡缺口的两条视线与胸高断面相切的树木，计数为0.5。

（6）坡度的改正

当使用水平角规、片形角规（角规片）进行角规观测时，还应利用测坡器测量该角规点计数范围内林地的平均坡度值（θ），记录于表3-2-9中。若$\theta>5°$，绕测计数结果应进行坡度改正，即：

$$Z = Z_e \cdot \sec \theta \qquad (3-9)$$

当使用自平曲线角规进行绕测时，因可自动进行单株树木的坡度修正，不必再进行坡度改正。

每次均独立观测5个角规点，并将自己用水平角规、片形角规（角规片）和自平曲线角规观测的结果填入表3-2-8中。

（7）计算每公顷胸高断面积

先计算出林分5个角规点上角规观测改正后的平均计数值($\overline{Z}$)，林分每公顷胸高断面积为：

$$G = F_g \cdot \overline{Z} \tag{3-10}$$

【例3-3】使用缺口1.41cm、杆长50cm的角规（角规系数$F_g=2$）进行观测，绕测时，相割树木13株，计数值为13，相切树木3株，计数值为1.5，总计数值Z为14.5，则计算林分每公顷胸高断面积为：

$$G = F_g \cdot \overline{Z} = 2 \times 14.5 = 29\,(\mathrm{m}^2)$$

若在林分中设置了n个角规点进行观测，其林分每公顷胸高断面积计算式为：

$$G = \frac{1}{n}\sum_{i=1}^{n} G_i = \frac{F_g}{n}\sum_{i=1}^{n} Z_i = F_g \cdot \overline{Z} \tag{3-11}$$

式中　Z_i——第i个角规点上计数的树木株数。

2.2.5　样地调查

将学员分成几个小组，在森林中设置标准地或者样地若干块进行调查，样地分为20m×20m或者10m×10m的乔木林样地；5m×5m的灌木林样地；1m×1m的草本样地。用全站仪或者森林罗盘仪设置样地，在每块样地内对胸径达到5cm以上的林木进行每木检尺，用钓鱼竿式测高器或者布鲁莱斯测高器测出达到检尺范围的林木树高，查相关表格，算出林分平均胸径和平均高、林分蓄积量等因子（图3-2-9）。

将统计调查数据填入表3-2-9至表3-2-13。

（a）　　　（b）　　　（c）　　　（d）

图3-2-9　样地调查

表 3-2-9 林木概况调查表

一般情况		西南角桩坐标：E N
林场(乡镇)：	样地号：	海拔： 坡向：
林班号(村)：	调查日期：	坡度： 坡位：
小班号：	调查人：	灾害种类、程度：
		健康评估：
样地描述		树种适宜度：
植被类型：	林分起源：	森林退化程度：
样地面积： m²	样地形状：	经营和干扰：
主林层高度： m	主林层年龄：	有利：间伐□ 抚育□
土壤类型：		不利：放牧□ 砍柴□
总郁闭度：		生境概况：

发展阶段：I□ II□ III□ IV□ V□

特征注记：

当前的森林类型(主要树种)：

经营条件：很好□ 好□ 中□ 差□ 很差□ 保护情况：很好□ 好□ 中□ 差□ 很差□

经营历史： 采伐/利用方式： 强度： 时间：

经营目标：

森林类型的长期目标(20~40 年)：

长期的生产目标：

未来 5 年经营目标：

林木描述	描述内容： 照片号：

表 3-2-10 乔木层每木调查记录表(20m×20m)

样地号：

编号	树种	X轴距(m)	Y轴距(m)	胸径(cm)	树高(m)	枝下高(m)	生活力	层次	起源	损伤	干形质量	林木类型	冠幅(m)				备注
													E	W	S	N	
1	2	3	4	5	6	7	8	9	10	11	12	13	14	15	16	17	18

记录标准：

生活力：1. 有竞争活力的；2. 有活力的；3. 活着的；4. 濒死的；5. 枯死的。

层次：1. 优势层；2. 主林层；3. 次林层；4. 林下被压层。

起源：1. 植苗实生；2. 播种实生；3. 天然实生；4. 天然萌生；5. 扦插造林。

损伤：1. 无损伤；2. 轻度损伤；3. 中度损伤；4. 中度损伤(特别注意树干基部损伤情况)。

干形质量：1. 通直完满；2. 轻度弯曲；3. 二分枝；4. 多分枝；5. 显著扭曲。

林木类型：Z. 目标树；B. 干扰树；S. 特别树；N. 一般树。

表 3-2-11　灌木幼树样方记录表（5m×5m）

样地号：

			灌木记录		
样方号	灌木种类	枝丛数量	高度（m）	盖度（%）	位置特征标记

			幼树记录		
样方号	树号	树种	胸径（cm）	树高（m）	特征标记（顶芽交换等）

表 3-2-12　幼苗（<30cm）草本样方（1m×1m）调查记录表

样地号：

草本样方号	总盖度	种名		数量	平均高（m）	分布图
		幼苗				○均匀 ○块状 ○丛状 分布草图：
		草本				

表 3-2-13　枯落物和土壤调查表

样地号：　　　　　　　　　　天气：　　　　　　　　　　调查员：

枯落状况	盖度（%）		总厚度（cm）	各层厚度占总厚度的比例（%）	OL层未分解	OF层半分解	OH层全分解
土壤剖面层厚度（cm）	A层	AB层	B层	BC层	C层	剖面描述	
土壤种类	○砖红壤	○赤红壤	○红壤	○黄红壤	○黄壤	○黄棕壤	○滨海盐土
	○石灰土	○紫色土	○硅质白粉土	○冲积土	○沼泽土		
土壤质地	○黏土	○重壤	○中壤	○轻壤	○砂壤	○砂土	
土壤紧实度	○疏松	○较疏松	○坚实	○较坚实	○坚硬		
土壤成土母岩	○岩浆岩	○第四纪红土	○硅质岩	○泥岩	○砂岩	○石灰岩	
土壤侵蚀程度	○无侵蚀	○面状侵蚀	○轻微	○中度	○强度		
	○沟状	○轻微	○中度	○强度	○剧烈		
	○崩塌	○轻微	○中度	○强度	○剧烈		

（续）

地下水位、水质、盐分情况	
容重、颜色、湿酸碱度、碳酸钙反应情况	
地表排水状况	
地表砾石情况	
土壤中岩石、碎屑情况	
土壤特征综合叙述（生成、分类、分布及利用情况）	
备注	

2.3　教学指南

2.3.1　教学方法说明

（1）教学时间

培训的最佳时期是在项目开始之际。

（2）室内培训

活跃气氛：考虑不同的调查项目采用不同的调查方法，先播放微课视频、幻灯片，再提问：

问题一：项目调查之前应该做好哪些准备工作？

问题二：读数错误怎么办？

问题三：记错数据怎么办？

问题四：计算错误怎么办？

（3）室外培训

教师先对参训学员进行分组，进行操作示范，然后学生按照分组进行操作练习，最后教师对学生操作进行评价。

2.3.2　教学练习总结

简介：介绍森林调查常见的仪器工具和调查方法	目标：掌握各种调查因子的调查方法	步骤：先介绍各种仪器的使用方法、注意事项，再进行实践操作	培训对象：县项目工作人员和乡林业技术人员
培训教师：林业技术人员（如来自省项目办或者林业勘探设计院）	地点：教室和森林	时间：2d	培训人数：15~20人

2.3.3 教学过程设计

时间	目的	内容及程序	材料
15min	布置场地，分组	与学员会面，自我介绍，互相介绍小组成员；讲述该培训项目及其时间安排，为什么要实施该培训，介绍课程目标	培训学员名单
2h	熟悉测量各种测树仪器的构造和使用方法	讲述并示范测树仪器的基本知识、测量方法、读数方法、计数方法；讲解样地调查的内容及方法；分发培训材料	培训材料、多媒体
1d	实践操作	3~5人一组操作测树仪器，让每个学员都熟练掌握胸径、树高、断面积测量方法，互相检查测量方法和读数方法是否准确；到样地进行样地调查	测树器材、纸、笔、表格
1h	检查实训效果	教师检查每组学员的测量读数方法和计数结果，有问题的学员必须重新测量和计数，直到准确为止	计数表格

○ **思考题**

1. 简述森林资源调查的类型及特点。
2. 简述树高测量应该注意的问题。
3. 简述角规测树应该注意的问题。
4. 简述新的森林调查技术手段在林业中的应用情况。
5. 如何进行样地调查？

○ **推荐阅读**

1. 森林调查技术(第2版)，苏杰南，中国林业出版社，2015.
2. 森林资源规划设计调查技术规程(GB/T 26424—2010).
3. 森林资源连续清查技术规定(GB/T 38590—2020).

单元3 森林经营规划

随着时代的发展，环境问题日益突出、资源的不断消耗，人们对森林、草地等可再生资源越来越重视，但同时也存在森林资源过度开发和管理不合理，使得资源不断枯竭，因此，制定和完善相关的森林经营规划和管理策略迫在眉睫。通过研究森林的布局规划和管理，可以更加科学地管理森林资源。

3.1 简介

森林是我国非常重要的资源，对其进行经营规划是森林资源保护的重要内容，是后续进行森林培育的前提和保障。对森林经营加以科学规划，能够提高森林资源的利用率，保证森林植被的完整性和多样性。

3.1.1　森林经营规划基本概念

森林经营规划是根据森林可持续经营的原理和要求，确定一段时期范围内要开展的森林经营工作，包括开展的活动、时间、地点、原因、规划完成者等内容，是指导管辖区域、经营单位开展森林可持续经营的计划安排，也是当地行政主管或森林经营单位保护、发展森林资源的重要依据。

森林经营方案是森林经营主体以森林可持续利用为目标，按照国家林业法律法规和社会发展需求制定的森林资源培育、保护和利用的中长期规划，同时规划设计了生产顺序和经营利用措施。森林经营方案是在指定区域范围内将森林资源按时间顺序和空间秩序安排林业生产措施的技术性文件，分为森林经营方案和简明森林经营方案两种。

3.1.2　森林经营规划基本原则

（1）生态优先原则

确立生态优先的林业发展战略，树立多功能森林经营理念，发挥森林的多种功能和多重效益。

（2）保护和培育相结合原则

坚持造林和抚育两手抓，重点加强森林抚育，加强新造林抚育管护，优化森林结构，提高森林质量。

（3）可持续发展原则

按照区域主体功能、生态区位及森林类型，针对各区域森林经营突出问题，遵循森林生长演替的自然规律，科学制定各区域的森林经营方向、经营目标、经营策略和技术措施。

（4）全民参与原则

强化政府主导，引入市场机制，培育新型经营主体，鼓励多元化社会资本参与森林经营。

3.1.3　森林经营规划和森林经营方案的关系

（1）任务有所区别

森林经营规划与森林经营方案的主要任务有所区别，但大体上是一致的，主要任务包括：一是分析评价区域社会经济发展和生态环境保护对森林经营管理的需求；二是确定森林经营中长期的指导思想与经营目标。

（2）地位和作用有所不同

在国家森林可持续经营体系中，森林经营规划是重要组成部分，可以有效衔接省级森林经营规划与森林经营方案。规划是指导区域森林可持续经营管理的纲领性文件，不仅可以指导政府保护发展森林资源，还能指导县域所有森林经营主体经营利用森林资源。森林经营方案是基于县级森林经营规划而编制的，是林业主管部门和森林经营主体经营管理森林的重要依据，是管理者与经营者的纽带。森林经营方案是森林资源的可持续发展，是一个较为长期且全面的规划。

（3）编制方法有所不同

森林经营规划要采用时间和空间相结合的优化决策方法，模拟、优化森林经营过程，确定最优经营途径。在森林经营方案编制中，技术上要以生态系统经营理论为指引，采用多种学科，对森林资源及现有林业政策进行系统分析、综合评价后，分别从不同侧重点对森林结构调整和森林经营规模提出若干优选备用方案，采用大众参加的形式，充分考虑周边居民和利益相关者的意见，进行森林经营多方案备选，同时分析不同备选方案措施的经济、生态和社会影响情况，对照森林经营目标确定最优化方案，作为经营方案的最终方案。

3.1.4 森林经营方案编制单位

从事森林经营、管理，范围明确，产权明晰的单位或组织为森林经营方案编制单位。依据其性质和规模分为以下层级的编案单位：

（1）一类编案单位

国有林业局、国有林场、国有森林经营公司、国有林采育场、自然保护区、森林公园等国有林经营单位。

（2）二类编案单位

达到一定规模的集体林组织、非公有制经营主体。

（3）三类编案单位

其他集体林组织或非公有制经营主体，以县为编案单位。

一类编案单位应依据有关规定组织编制森林经营方案；二类编案单位可在当地林草主管部门指导下组织编制简明森林经营方案；三类编案单位由县级林草主管部门组织编制规划性质森林经营方案。

3.1.5 编制工作程序

（1）准备工作

准备工作包括组织准备、成立编制小组，开展基础资料收集及编案相关调查，确定技术经济指标，编写工作方案和技术方案。

（2）系统分析

总结前期森林可持续经营规划/方案执行情况、经营管理成效和经验，对现有的森林经营环境、资源现状、管理要求等进行全面分析，确定经营目标、编制的深度与广度、重点内容，以及拟解决的主要问题。

（3）文本编制

分别从不同的侧重点提出若干备用方案，并对各方案进行产投分析和生态与社会影响评估，选择最符合当地实际情况、操作性最强的方案作为最佳方案；根据最佳方案，规划设计年度的造林、培育、采伐利用、生态保护等具体措施方案，确定森林经营区划、布局和作业规划设计。

（4）征求意见

编制过程中要注意与不同管理部门、经营单位和其他相关利益者进行沟通交流，适当调整后的最佳方案应广泛征求管理部门、经营单位和其他相关利益者，充分吸纳相关意见。

（5）评审修改

依照各方的意见修改后，森林可持续经营规划要提请政府或上级林草主管部门组织相关评审论证，森林经营方案要按照森林可持续经营规划和方案管理的相关要求进行成果送审，并根据评审意见进行修改完善。

（6）审批备案

按规定要求，提交同级林业行政主管部门或直属上级管理部门进行审批或备案。政府或上级林草主管部门应及时审批规划，规划期内因社会经济等条件发生重大变化时，可征得审批部门同意后对规划修订调整。

3.2 技术指南

森林经营方案对于区县和国有林场在一个经理期内科学开展森林经营活动，提高森林质量，充分发挥森林的社会效益、生态效益和经济效益尤为重要。尤其对于指导国有林场开展林业生产活动具有非常重要的指导作用，是开展一切生产经营活动的重要依据。

3.2.1 森林经营方案编制

（1）森林经营方案主要内容

一般包括森林资源与经营评价，森林经营方针与经营目标，森林功能区划、森林分类与经营类型，森林经营，非木质资源经营，森林健康与保护，森林经营基础设施建设与维护，投资估算与效益分析，森林经营的生态与社会影响评估，方案实施的保障措施等主要内容。

（2）森林经营方案编制深度

依据编案单位类型、经营性质与经营目标确定。森林经营方案应将经理期内前3~5年的森林经营任务和指标按经营类型分解到年度，并挑选适宜的作业小班；后期经营规划指标分解到年度。在方案实施时按2~3年为一个时段滚动落实到作业小班。

3.2.2 森林经营方案主要成果

①设计说明书　以林草局为对象时分别由各林场编写。
②图纸　包括林相图、森林分布图、有关设计图纸等。
③概算　包括总概算和分项概算。

④附件 设计任务书、协议、纪要、森林资源统计材料、采用的定额、技术经济指标、专业调查报告、方案比较、论证资料等。

3.2.3 森林经营方案主要构成

（1）森林资源与经营评价

重点分析评价林地资源、森林资源数量、森林资源质量、森林资源结构，以及其动态变化情况，并对其功能进行评价。

（2）森林经营方针与经营目标

编制森林经营方针，一般把森林资源结构性指标作为长远经营目标，把从森林资源发展、保护、利用、保障等不同方面确定本经理期可以达到的森林经营目标。

（3）森林功能区的区划

根据林场性质与资源特点，按照《全国森林资源经营管理分区施策导则》的要求，以区域为单元进行森林功能区划。包括生物多样性保护区划、野生植物保护区划、野生动物保护区划、森林集水区区划、生态景观区划、人文遗产保护区划、森林游憩区划、森林火险区划、有害生物防控区划等。

（4）森林分类与经营类型设计

森林经营类型是在同一林种区内由一些在地域上不一定相连，但经营目的相同，需要采取相同的经营措施和相同的林学技术计算方法的许多小班组合起来的一种经营单位。在功能区划和森林分类的基础上，以小班为单元组织森林经营类型，是森林经营规划的基本设计单元。组织时注意保持与前期经营的延续性，将林业用地所有小班均确定至相应的经营类型，即经营类型落实至具体的小班。

（5）森林经营（采、造、抚、改）

①木材生产 以森林经营类型或经营小班（林分）为单位，根据森林资源的现实情况，选用合适的公式进行计算，经分析论证，确定合理的年伐量，确定森林采伐时间指标，确定采伐方式和规划采伐对象和顺序，编制《年度采伐规划小班一览表》与《年度采伐规划汇总表》。

②更新造林 确定森林更新方式、森林更新树种选择、森林更新的主要技术措施、森林更新种苗来源、种苗标准、种苗数量等，编制《年度造林规划小班一览表》与《年度造林规划汇总表》。

③抚育间伐 以抚育为主、抚育和采伐相结合为原则，确定抚育对象、抚育方式、规划抚育强度和年度安排，并编制《年度抚育间伐规划小班一览表》与《年度抚育间伐规划汇总表》。

④林分改造 确定林分改造对象、林分改造方式、计算林分改造采伐量、林分改造地点及年度安排，并编制《年度林分改造规划小班一览表》与《年度林分改造规划汇总表》。

⑤森林保护 进行护林防火设计、森林有害生物防治、林地生产力保护、集水区经营管理和生物多样性保护等方面内容的编制。

（6）非木质资源利用

进行种植业、养殖业、木材加工、建材、矿业、水资源开发、森林生态旅游与康养等林下经济方面内容的编制，确定多类型资源利用布局，确定地段、场址和多类型资源利用规模、等级、容量，确定主要技术方案、制订年度开发利用计划和经营效益分析。应根据区域经济、资源特点，重点确定经营开发项目，规划其利用方式、强度、产品种类和生产规模。

3.3　教学指南

3.3.1　教学方法说明

森林经营方案的编制是一个系统工程，本教学主要以理论讲授为主，介绍森林经营方案编制的主要内容。

3.3.2　教学练习总结

简介：本教学旨在了解森林经营方案编制的基本流程和主要框架	目标：了解森林经营方案编制的目的及主要内容	步骤：理论讲授、现场学习及讨论	培训对象：决策者、村民
培训教师：林业推广员	地点：实地、会议室	时间：约0.5d	培训人数：10~20人

3.3.3　教学过程设计

时间	目的	内容及程序	材料
10min	布置场地，人员准备	与学员见面；自我介绍；学员互相介绍；了解他们的身份；解释该单元培训方案及时间；介绍为什么要开设这一单元的培训，介绍培训目标	无
2h	理论讲解	结合《湖北省森林经营规划（2016—2050年）》、某林场森林经营方案进行讲解；讲解基本概念、编案单位、编案内容及主要工作过程	演示文稿及简报
1h	现场观摩及教学、讨论、操作	以某林场的森林经营方案年度工作计划为例，带领学员到具体生产地点进行现场交流和讨论	
1h	教学总结	学员总结森林经营方案编制的基本流程和主要编制内容体系	

○ **思考题**

1. 简述森林经营规划和森林经营方案的含义。
2. 简述森林经营规划和森林经营方案的区别和联系。
3. 简述森林经营方案编制的主要内容。

○ **推荐阅读**

1. 森林资源经营管理（第2版），王巨斌，中国林业出版社，2015.
2. 全国森林经营规划（2016—2050年）.
3. 湖北省森林经营规划（2016—2050年）.
4. 森林经营方案编制与实施规范（LY/T 2007—2012）.

5. 森林经营规划与森林经营方案探讨，刘珞、李莉、郑冬梅，现代农业科技，2017（13）.

6. 县级森林经营规划编制关键技术环节研究——以诸城市为例. 吴可、王清和、张瑞波，山东林业科技，2020（1）.

第四部分 森林可持续经营技术

单元1 森林抚育间伐

森林抚育间伐是森林经营的重要内容，也是提升森林质量的重要技术手段之一。森林抚育间伐是国有林场、集体林、私有林企的常态性工作之一。由于当前开展森林采伐有限额，森林抚育采伐受到一定限制。各县林草部门应该根据当地林地保护规划、森林分类经营区划，合理开展抚育间伐工作，以最大限度改善林分状况，培养目标树种。

1.1 简介

1.1.1 相关概念

（1）抚育采伐

抚育采伐也称抚育间伐，是在林分郁闭后至主伐期间，对未成熟的森林定期而重复地伐除部分林木，为保留木创造更好的生长环境，同时获取一部分木材的一种森林培育技术措施。

（2）目的树种

目的树种指符合本地立地条件和经营目标，能够稳定生长的树种。

（3）目标树

目标树指在目的树种中，对林分稳定性发挥重要作用的长势好、质量优、寿命长、价值优，需要长期保留直到达到目标直径方可采伐利用的林木。

（4）霸王树

霸王树是指位于目标树上方，树冠庞大，影响目标树正常生长，需要伐除的非目的树种林木。

1.1.2 抚育间伐的理论基础

（1）生态学基础

植物之间的竞争和互利是自然界普遍存在的两种作用过程。就人工林培育而言，从造林开始，一直到采伐利用的整个过程中，树木与树木之间都会产生竞争，同时也会相互依赖形成森林生态系统，应对各种不利因素。在林木个体生长过程中，都会对光照、水分、营养进行竞争，从而出现林木的分化。

（2）生物学基础

森林的生长发育会经历不同的阶段，一般人工林会经历幼龄林、中龄林、近熟林、成熟林和过熟林5个发展阶段，在不同的时期，森林与环境及林木个体之间都有不同的关系，这会直接导致采取的经营措施有所不同。此外，无论是人工林还是天然林，同一树种、相同年龄的林木，以及不同林木的个体，其树高和胸径都会有差异，这种林分内林木间的差异称为林木分化。

而在林业生产上，森林随着年龄的增加，单位面积上林木株数不断减少的现象，称为森林的自然稀疏。林木分化和自然稀疏都是森林抚育间伐的主要依据，抚育间伐其实就是用人工方法来代替自然选择的过程。在天然林木中自然稀疏现象是普遍存在的。在森林生长发育的各个时期都会发生自然稀疏，例如，大兴安岭兴安落叶松天然林 20 年时为 6476 株/hm^2，到达 200 年时林分密度仅为 347 株/hm^2。

1.1.3　抚育间伐意义

①调整树种组成，防止逆行演替。

②降低林分密度，改善林木生长环境促进林木生长，缩短林木培育期，清除劣质林木，提高林木质量。

③实现早期利用，提高木材总利用量。

④改变林分卫生状况，增强林分的抗逆性。

1.1.4　抚育间伐类型

在树种组成和生长发育时期不同的林分，抚育采伐的目的也不相同。根据《森林抚育规程》（GB/T 15781—2015）规定，我国森林抚育采伐分为透光伐、疏伐、生长伐和卫生伐。

（1）透光伐

透光伐是指在林分郁闭后的幼龄林阶段，当目的树种林木受到林冠上层或侧方霸王树、非目的树种压抑，高生长受到明显影响时的抚育采伐。

（2）疏伐

疏伐是指林分郁闭后的幼龄林或中龄林阶段，当林木关系从互助互利生长开始向互抑互害竞争转变时进行的抚育采伐。

（3）生长伐

生长伐是指中龄林阶段，当林分胸径连年生长量明显下降，目标树或保留木生长受到明显影响时进行的抚育采伐。

（4）卫生伐

卫生伐是指在遭受自然灾害的森林中，以改善林分健康状况为目标进行的抚育采伐。

1.2　技术指南

1.2.1　林木分类与分级

林木分类适用于所有林分，林木类型划分为目标树、辅助树、干扰树和其他树（图4-1-1）。目标树的一般标准是：属于目的树种，生活力强，干材质量好，没有损伤。

（1）林木分类

①目标树　在目的树种中，对林分稳定性和生产力发挥重要作用的长势好、质量优、寿命长、价值高，需要长期保留直至达到目标直径方可采伐利用的林木。

②辅助树　又称生态目标树，是有利于提高森林的生物多样性、保护珍稀濒危物种、改善森林空间结构、保护和改良土壤等功能的林木。例如，能为鸟类或其他动物提供栖息场所的林木可选择为辅助树加以保护。

③干扰树　对目标树生长直接产生不利影响，或显著影响林分卫生条件、需要在近期采伐的林木。

④其他树　林分中除目标树、辅助树、干扰树以外的林木。

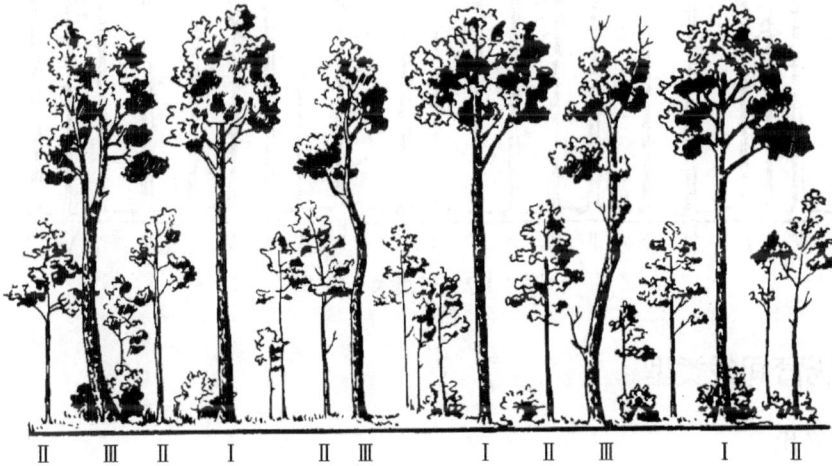

Ⅰ.目标树；Ⅱ.辅助树；Ⅲ.干扰树

图4-1-1　林木分类

（2）林木分级

林木分级主要是针对单层同龄林。林木分级也称克拉夫特分级法（五级木分级法），如图4-1-2所示。主要分为5种类型：Ⅰ级木（优势木）、Ⅱ级木（亚优势木）、Ⅲ级木（中等木）、Ⅳ级木（被压木）、Ⅴ级木（濒死木）。

①Ⅰ级木　优势木，树高和直径最大，树冠很大，且伸出一般林冠之上。

②Ⅱ级木　亚优势木，树略次于Ⅰ级，冠向四周发育，大小上次于Ⅰ级木。

③Ⅲ级木　中等木，生长尚好，但树高和直径较前两级林木差；树冠较窄，位于林冠的中层，树干的圆满度较Ⅰ、Ⅱ级木大。

④Ⅳ级木　被压木，树高和直径生长都非常落后，树冠受挤压，通常都是小径木，其中又可分为a、b两个亚级。

Ⅳ$_a$级木：冠狭窄，侧方被压，但枝条在主干上分布均匀，树冠能伸入林冠层中。

Ⅳ$_b$级木：树冠偏生，只有树冠的顶部才伸入林冠层，侧方和上方均受压制。

⑤Ⅴ级　濒死木，完全位于林冠下层，生长极落后，树冠稀疏而不规则，又可分为两个亚级。

Ⅴ$_a$级：生长极落后的濒死木。

Ⅴ$_b$级：枯死木。

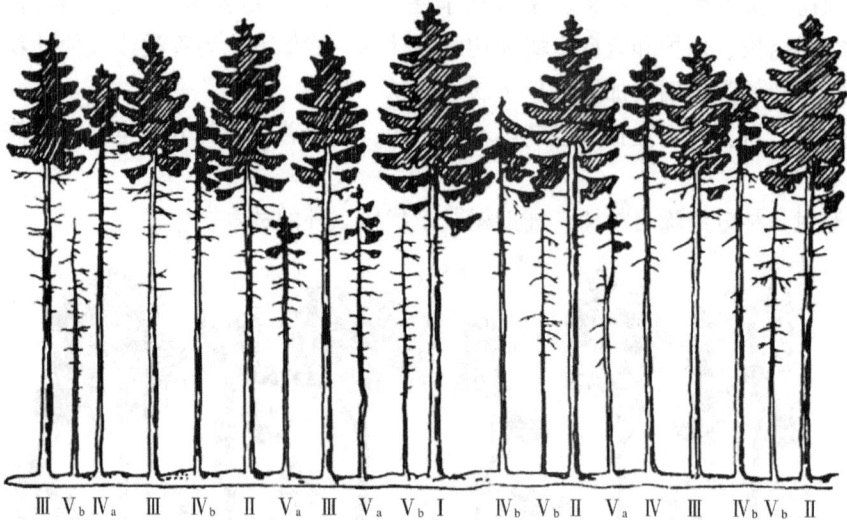

图 4-1-2　五级木分级法

1.2.2　抚育间伐类型

(1)透光伐

透光伐在幼龄林阶段进行。透光伐主要针对林冠未完全郁闭或已经郁闭，林分密度大，林木受光不足；其他阔叶树或灌木树种妨碍主要树种的生长的情况。透光伐主要解决树种间、林木个体之间、林木与其他植物之间的矛盾，目的是保证目的树种不受非目的树种或其他植物的压抑。

透光伐适用于郁闭后目的树种受压抑的林分，以及上层林木已影响下层目的树种林木正常生长发育的复层林，需要伐除上层的干扰木时。

(2)疏伐

疏伐是在幼龄林或中龄林阶段进行，主要解决同龄林密度过大问题。一般依据本地不同立地条件的最优密度控制表进行疏伐。没有密度控制表时，推荐在以下情况下进行：郁闭度0.8以上的中龄林和幼龄林;天然、飞播、人工直播等起源的第一个龄级,林分郁闭度0.7以上,林木间对光、空间等开始产生比较激烈的竞争。

疏伐方法有以下几种:

①下层抚育法 适用于同龄纯林。林木按5级划分。伐除Ⅳ、Ⅴ级木,部分Ⅲ级木,以及过密的或受害的Ⅱ级木,个别Ⅰ级木(图4-1-3)。

②上层抚育法 适用于阔叶混交林、针阔叶混交林,尤其是复层混交林。林木按3级划分。伐除位于林冠上方的霸王树、上一世代的残留木以及干形不良的优势木(图4-1-4、图4-1-5)。

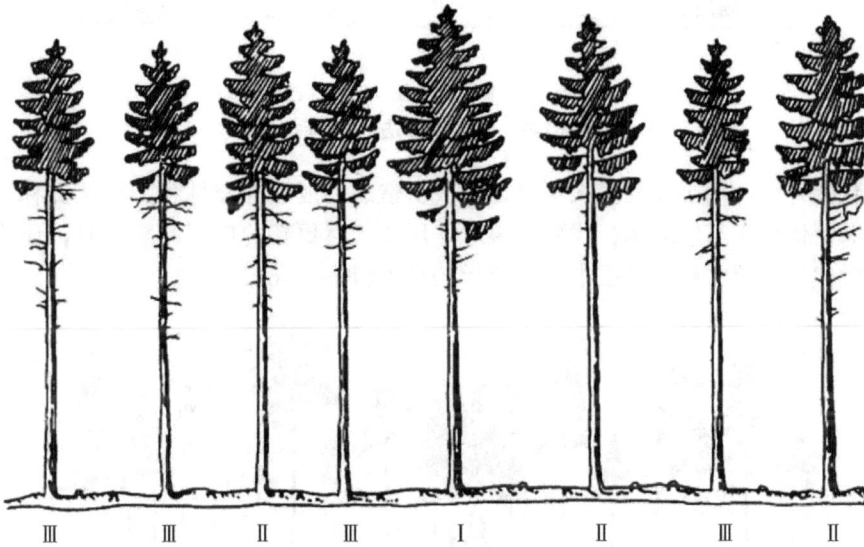

Ⅲ   Ⅲ   Ⅱ   Ⅲ   Ⅰ   Ⅱ   Ⅲ   Ⅱ

图4-1-3 下层抚育法(伐除Ⅳ和Ⅴ级木)

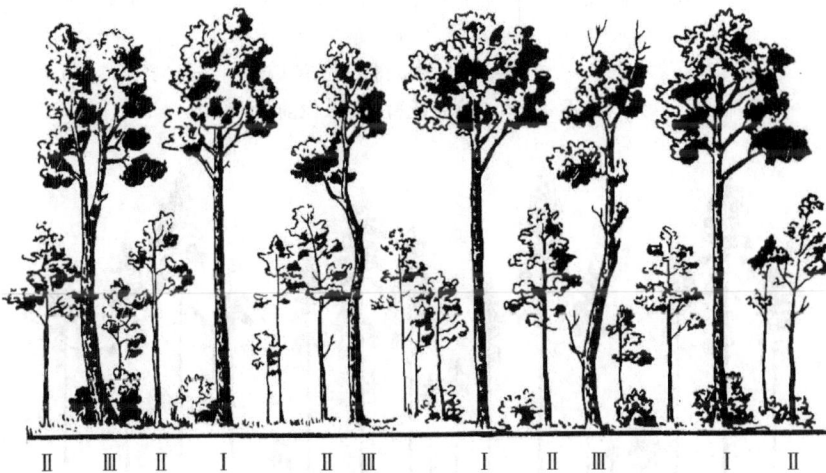

Ⅱ Ⅲ Ⅲ Ⅰ Ⅲ Ⅲ Ⅰ Ⅰ Ⅲ Ⅰ Ⅱ

Ⅰ.目标树;Ⅱ.辅助树;Ⅲ.有害树

图4-1-4 上层抚育法(采伐前)

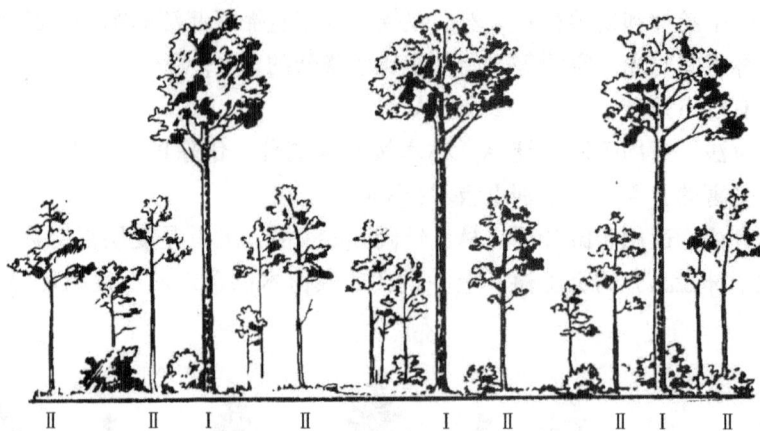

Ⅰ.目标树；Ⅱ.辅助树；Ⅲ.有害树(已伐除)

图 4-1-5　上层抚育法(采伐后)

③综合抚育法　用于反复多次不合理择伐所造成的复层混交林和天然混交林。林木分为 3 级。保留优良木与辅助木，伐除有害木。用于天然更新的单层同龄林时，伐除上层散生的上一世代的残留木和主林层中生长落后的林木(图 4-1-6、图 4-1-7)。

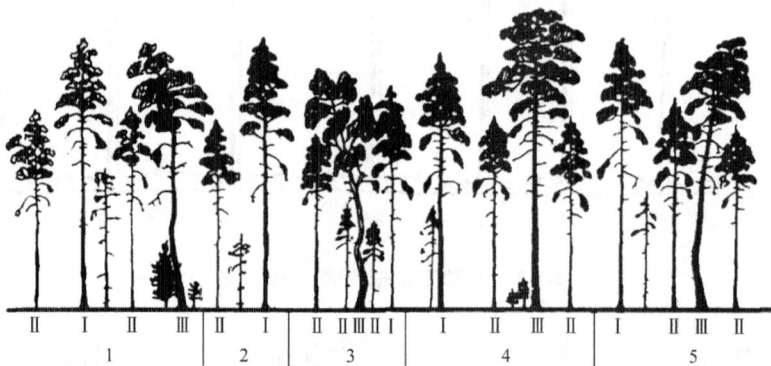

Ⅰ.优良树；Ⅱ.辅助树；Ⅲ.有害树

图 4-1-6　综合抚育法(采伐前)

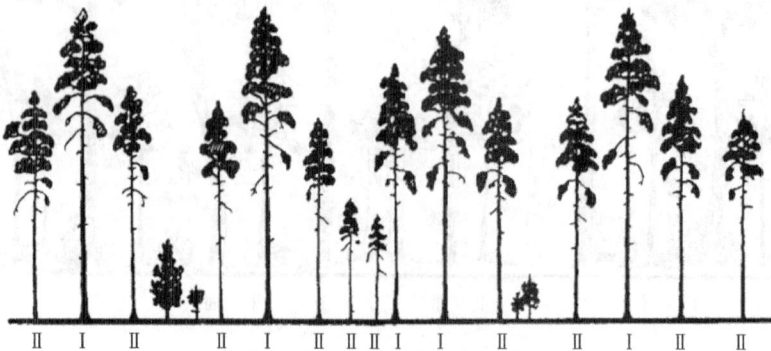

Ⅰ.优良树；Ⅱ.辅助树；Ⅲ.有害树

图 4-1-7　综合抚育法(采伐后)

④机械抚育　适用于株行距整齐的人工林。每间隔一定距离，按事先确定的砍伐行距和株距，机械地确定采伐木。

（3）生长伐

生长伐在中龄林阶段进行，主要目的是调整树种组成及林分密度，促进目标树或保留木的生长，培养良好的干形。生长伐主要伐除林分中生长过密的林木和生长不良的林木。

一般依据本地不同立地条件的最优密度控制表或目标树最终保留密度（终伐密度）表进行生长伐。在没有最优密度控制表或目标树终伐密度表时，可参考以下条件：

①立地条件良好、郁闭度 0.8 以上，进行林木分类或分级后，目标树、辅助树或 I 级木、II 级木株数分布均匀的林分。

②复层林上层郁闭度 0.7 以上，下层目的树种株数较多且分布均匀。

③林木胸径连年生长量显著下降，枯死木、濒死木数量超过林木总数 15% 的林分，本条件需要与补植同时进行。

（4）卫生伐

卫生伐是在遭受自然灾害的林分中进行的改善林分卫生状况的采伐方式，主要目的是改善林内卫生状况，促进更新和保留木生长，培育大径材；加速工艺成熟，缩短主伐年龄。

卫生伐的主要对象包括遭受病虫害、风折、风倒、雪压、森林火灾的林分，以及被危害、丧失培育前途的林木。

卫生伐的适用条件为发生检疫性林业有害生物；遭受森林火灾、林业有害生物或风倒雪压等自然灾害，受害株数占林木总株数的 10% 以上。

1.2.3　抚育采伐技术指标

（1）抚育间伐强度

抚育间伐强度表示方法如下：

①用株数表示

$$P_n = n/N \times 100\% \tag{4-1}$$

式中　P_n——株数强度；

　　　n——采伐株数；

　　　N——伐前林分株数。

②用蓄积量表示

$$P_v = v/V \times 100\% \tag{4-2}$$

式中　P_v——蓄积强度；

　　　v——采伐木蓄积量；

　　　V——伐前林分蓄积量。

速生树种生长速率快，树冠扩展也较快，间隔期宜短些；壮龄期，林分生长旺盛，树冠恢复郁闭快，间隔期宜短。

（2）抚育间伐强度分级标准

间伐强度用各次的采伐木材积与伐前林分蓄积的比值表示，即弱度小于15%，中度16%~25%，强度26%~35%，极强度大于36%。

间伐强度用各次的采伐木材积与主伐时蓄积量的比值表示，即弱度40%~50%，中度51%~75%，强度76%~100%，极强度大于100%。

（3）抚育间伐开始期

抚育间伐开始期是指什么时候开始抚育间伐。抚育间伐开始期的确定没有统一规定，一般应在林木分化剧烈，林木树冠和根系生长开始相互干扰时，结合经营目的、树种组成、林分起源、立地条件、原始密度、单位经营水平等因素加以确定。当林分出现以下情况之一时，可开始抚育间伐：①林分直径连年生长量下降；②同龄纯林中，林木分化明显，Ⅳ、Ⅴ级木占林分林木株数30%左右或者林分小于平均直径的林木株数达40%以上时，应该进行第一次抚育间伐；③幼林平均枝下高达到林分平均高的1/3或1/2时；④现有林分郁闭度达到或超过保留郁闭度；⑤实际林分密度高于林分密度管理图中的密度。

（4）抚育间伐间隔期

间伐强度越大，林冠恢复郁闭所需的年限越长，间隔期也越长。年平均生长量大，抚育间伐期短；反之，则长。各国进行间伐时，所选用间隔期为5~10年，杉木间伐所选用间隔期为4~6年。

1.3 教学指南

1.3.1 教学方法说明

（1）教学时间

本教学的最佳时机是在项目开始时，如进行林相改造或进行松材线虫病疫木处置的时候。

（2）室内培训

通过投影，给学员放映一组遭受雪灾的林分、遭受松材线虫病的马尾松林，以及密度过大的用材林照片，让学员进行自主思考，要经营好当前的林分需要采取什么样的方法。同时给学生提出一些问题：

问题一：根据现有的林分状况，应该采用哪种森林抚育间伐方法？
问题二：开展森林抚育间伐要做哪些准备工作？
问题三：进行采伐时要注意哪些问题？
练习1：进行林木分级。
练习2：进行郁闭度测定。
练习3：实施下层抚育。

（3）实地培训

①参观不同类型的林分（适合抚育采伐的各种林地）。

②将学员分成若干小组，每个小组针对各自的林分进行抚育间伐作业设计。

③现场进行林木分级。

④现场确定采伐强度。

⑤确定采伐木和保留木。

⑥对采伐木进行标记。

提示：学员应该对现场进行分析，并认真填写工作任务单，然后确定是否需要进行抚育间伐，并进行相关工作。

1.3.2 教学练习总结

简介：本教学旨在了解森林抚育间伐的主要特点	目标：通过培训，帮助参与者用此知识进行林木分类和分级，并确定保留木和采伐木	步骤：理论讲授，现场学习及讨论，分组练习	培训对象：决策者、村民
培训教师：林业推广员	地点：实地考察、会议室	时间：约0.5d	培训人数：10~20人

1.3.3 教学过程设计

时间	目的	内容及程序	材料
10min	布置场地，人员准备	与学员见面；自我介绍；学员互相介绍；了解他们的身份；解释该单元培训方案及时间；介绍为什么要开设这一单元的培训；介绍培训目标	无
1h	理论讲解	结合《森林抚育规程》（GB/T 1578—2015）进行讲解，重点讲解林木分级和林木分类方法，间伐方式的种类及适用标准，如何确定保留木和采伐木	演示文稿及简报
2h	现场观摩及教学、讨论、操作	带领学员到森林抚育间伐示范点；向学员提出问题，学员观察抚育间伐前后林相变化和树木变化；学员现场进行林木分级，并标识采伐木	样地、油漆、毛刷
1h	教学总结	学员总结抚育间伐的主要作用及不同抚育间伐方式的特点	

○ 思考题

1. 简述抚育间伐的概念及其特点。

2. 简述抚育间伐的主要类型及各自的适用条件。

3. 简述如何进行林木分类和林木分级。

4. 简述抚育间伐的技术指标。

○ 推荐阅读

1. 森林经营技术(第2版)，刘进社，中国林业出版社，2015.

2. 森林抚育规程(GB/T 15781—2015).

单元 2 低质低效林改造

由于受自然因素或人为干扰的影响，某些林分无论其生态功能还是经济效益均明显低于相同立地条件下的平均水平，林分结构不合理，林产品产量或生物量严重偏低，生物多样性丧失，森林健康状况较差，严重威胁森林资源安全和林业的持续发展。本单元对此类低质低效林的相关概念、类型、形成原因和改造方法等进行介绍。

2.1 简介

低效林初始含义较窄，仅指防护林中的低效林，后来在生产实践中，其含义和提法越来越丰富，如低质低效林、三低林、低产低效林、低效残次林等。根据《低效林改造技术规程》（LY/T 1690—2017），低效林定义为：受人为因素的直接作用或诱导自然因素的影响，林分结构和稳定性失调，林木生长发育衰竭，系统功能退化或丧失，导致森林生态功能、林产品产量或生物量显著低于同类立地条件下相同林分平均水平的林分总称。

2.1.1 低效林改造基本概念

低效林改造是指为了充分发挥低效林地的生产潜力，提高林分质量、稳定性和效益水平而采取的改变林分结构、调整或更替树种等营林措施的总称。通过改造，使林分结构趋于合理，森林稳定性增强，生物多样性增加，抵抗森林火灾和病虫害能力得到提升，森林景观得到改善，生态效益、社会效益和经济效益得到提高。

2.1.2 低效林形成原因

（1）人为活动影响

在人口密集程度较高的区域，管理缺位导致的乱砍滥伐、过度整枝等人为原因，造成林相破碎、林分结构不稳定、自然繁衍的优良种质资源枯竭、水土严重流失、林地质量下降，形成低效林。

（2）目标定位不当

对林地生产潜力评价不正确、对经营方向确定不当、对经营目标定位过高，形成低效林。

（3）技术措施不当

造林作业及管护过程中种苗质量、树种配置方式、营林技术、抚育技术措施不当，形成低效林。

（4）森林病虫灾害

林分结构不良、树种组成单一时，当优势树种或主要伴生树种遭受病虫害时，林分结构和组成的完整性遭到破坏，森林生产能力和生态功能受到严重影响，形成低效林。

（5）更新能力丧失

过熟期之后的林分内部林木逐渐衰竭死亡，自我更新能力丧失，形成低效林。

2.1.3　低效林类型划分

（1）低效次生林

①轻度退化次生林　人为或自然干扰导致林相不良、生产潜力未充分发挥、生长和效益达不到要求，但处于进展演替阶段、以实生林为主、土壤侵蚀较轻、具备优良林木种质资源的次生林。

②重度退化次生林　由于不合理利用，保留的种质资源品质低劣，常为多代萌生或疏林，处于逆向演替阶段，结构失调，土壤侵蚀严重，经济价值及生态功能低下的次生林。

（2）低效人工林

①经营不当人工林　由于树种或种源选择不当，未能适地适树或其他管理措施不当，造成林木生长衰退，地力退化，功能与效益低下，无培育前途，生态效益或生物量显著低于同类立地条件经营水平的人工林。

②严重受害人工林　由于遭受火灾、林业有害生物、干旱、风、雪、洪涝等自然灾害的影响，难以恢复到正常生长水平的林分。

2.1.4　低效林改造原则

①在保护的基础上，自然修复和人工促进相结合。

②保持低效次生林的天然林属性，培育混交林。

③多目标经营，发挥森林多功能效益，兼顾近期效益与远期效益。

④因地制宜，因林施策，适地适法。

⑤措施与技术科学合理，经济可行。

2.2　技术指南

2.2.1　低效林判断标准

通常情况下，凡符合下列条件之一者均可判定为低效林：

①林相残败，功能低下，森林生态环境退化，无经营培育价值的林分。

②林分优良种质资源枯竭，自然繁育能力优良林木个体<30 株/hm^2 的林分。

③林分生长量或生物量较同类立地条件平均水平低 30%及以上的林分。

④林分郁闭度<0.3 的中龄林以上的林分。

⑤遭受严重病虫、干旱、洪涝及风、雪、火等自然灾害，受害死亡木(含濒死木)比重占单位面积株数 20%以上的林分(林带)。

⑥经过两次以上樵采、萌芽能力衰退的能源林。

⑦过度砍伐、竹鞭腐烂死亡、老竹鞭蔸充塞林地等，导致发笋率或新竹成竹率低的

竹林。

⑧因未适地适树、树种(种源)不适而形成的低质低效林分。

2.2.2 改造方式

(1)补植补播

适用于郁闭度较小、树种组成单一、林木分布较均匀的残次林、劣质林及低效灌木林的改造。依据目的树种分布状况确定补植方法，通常有均匀补植、块状补植、林冠下补植和竹节沟补植等方法。该方法的优点在于对原有生境改变小，播种易发芽成苗，植苗也易成活，可减少工作量，也易获得成功。

(2)调整改造

适用于对需要调整林分树种的低效纯林和树种不适的林分。根据经营方向、目标和立地条件确定调整的树种或品种，宜通过调整改造培育为混交林，可采取抽针补阔、间针育阔、透光疏伐、栽针保阔等方法调整树种。

(3)封育改造

适用于有目标树种天然更新幼树幼苗的林分，或具备天然更新能力的阔叶树母树分布的林分。采取封禁并辅以人工促进天然更新措施。改造对象主要为残次林和低效灌木林。

(4)更替改造

适用于残次林、劣质林、树种不适林、病虫危害林、衰退过熟林及经营不当林。通过逐年作业，逐批保留生长相对较好的林木，使适生树种逐步更替。禁止皆伐重造，每次改造强度控制在蓄积量的30%以内，过程中应注重多树种混交，以形成混交林。

(5)抚育改造

适用于低效纯林、经营不当林及病虫危害林。对需要调整组成、密度或结构的林分，间密留稀，留优去劣，可采取透光伐抚育；对需要调整林木生长空间、扩大单株营养面积、促进林木生长的林分，可采用生长伐或择伐；对病虫危害林，通过彻底清除受害木和病源木、改善林分卫生状况有望恢复林分健康发育的低效林，可采取卫生伐或择伐。

(6)复壮改造

适用于通过采取培育措施可恢复正常生长的幼、中龄林。主要技术措施有施肥、林地垦复、平茬、林木嫁接(品种或市场等其他原因导致的低效林)、平茬促萌、防旱排涝、松土除杂等方法。

(7)效应带改造

适用于林相残破的天然次生林和结构简单的低效林分。方法为每隔一定距离开辟一条效应带，伐除效应带内的林木，保留生长健壮、有价值的林木及目的树种的幼苗和幼树，清除保留带内的老龄病腐木和灌丛。在效应带和保留带上分别选择适宜的树种进行人工造林，待新植株生长稳定后分批次伐除保留带。

(8)综合改造

适用于残次林、劣质林、低效灌木林、低效纯林、树种不适林、病虫危害林及经营不当的林分。通过采取补植、封育、抚育、调整等多种方式和带状改造、择伐、林冠下更新、群团状改造等措施，提高林分质量。

2.2.3 工作流程

（1）调查摸底、制定方案阶段

举办低质低效林改造技术培训，培训技术骨干；组织开展调查，摸清低质低效林基本情况，拟定低质低效林改造实施方案，按造林季节把改造任务分解落实到各山头地块。

（2）技术作业设计编制阶段

组织技术人员以小班为单位编制改造技术作业设计，确定改造方式、栽植树种、苗木规格和数量、主要技术措施和投资预算。

（3）动员部署、组织实施阶段

召开低质低效林改造动员会，对低质低效林改造工作动员部署，根据实施方案及作业设计，履行相关工作程序，选好施工队伍，落实质量保障措施。对已纳入低改的山头地块完成整地、施肥、回填、定植、管护及抚育等工作，抓实抓好各阶段改造工作，确保改造成效。

（4）检查验收阶段

任务完成后，开展自查验收，并上报自查验收成果资料。

2.3 教学指南

2.3.1 教学方法说明

假定学生为某县林业主管部门的专业技术人员，该县新一年度的低质低效林改造工作即将开展，需要负责的人员对该方面的工作统筹安排。

（1）理论学习

向学生讲解低质低效林概念的由来和发展，从长江中上游防护林建设中提出概念到后续发展直至林业行业标准的颁布。对低质低效林的概念、类型、成因、评判标准等方面进行理论讲解，讲解过程中配以相关图片，辅助学生加深对低效林的认识，展示低效林与健康林分的图片并进行对比，帮助学生建立起对低效林直观印象，为后续低效林的改造工作打下基础。对改造工作的注意事项和工作流程进行讲解，该部分为本节的重点，需要学生着重掌握，教学过程中应通过提问、小组讨论等多种形式帮助学生理解，检验学习情况。

（2）实际操作

向学生展示两幅森林照片(以下简称图一、图二)及与之相对应的林分情况介绍。两幅图片均为生长状况显著低于同一立地条件及经营水平下的林分，需要开展低效林改造。

将学生分为4组，前两组和后两组分别对图一、图二进行分析，尽可能多地列出将其划分为某一类低效林的判断条件，确定改造方式，结合实际制定改造工作流程。工作完成后，推选代表进行成果展示。带领全体学生对4组成果进行讨论，对比判断得出最优的结果。对各组出现的问题进行梳理，归纳总结普遍性问题，针对该问题重新讲解，帮助学生把握重点，理解难点。

2.3.2 教学练习总结

简介：本教学旨在了解低质低效林改造的技术标准	目标：通过培训，帮助参与者用此知识进行低质低效林的改造，提高林分质量	步骤：理论讲授，现场学习及讨论，分组练习	培训对象：决策者、村民
培训教师：林业推广员	地点：实地、会议室	时间：约0.5d	培训人数：10~20人

2.3.3 教学过程设计

时间	目的	内容及程序	材料
10min	布置场地，人员准备	与学员见面；自我介绍；学员互相介绍；了解他们的身份；解释该单元培训方案及时间；了解为什么要开设这一单元的培训；介绍培训目标	无
1h	理论讲解	结合《低质低效林改造技术规程》（LY/T 1690—2017）进行讲解；重点讲解低效林和低质林的标准；讲解低效林改造的主要技术方法	演示文稿及简报
2h	现场观摩及教学、讨论、操作	带领学员亲临油茶低产林改造示范点、低效防护林现场；向学员提出问题，学员观察林分现状，分析主要原因；学员针对林分低效形成的主要原因，提出相应的解决策略	示范点调查表格
1h	教学总结	学员总结低效防护林、低质人工林和低产经济林的主要改造措施	

○ **思考题**

1. 简述低质低效林的含义。
2. 简述低质低效林形成的原因。
3. 试述如何进行低产用材林的改造。

○ **推荐阅读**

1. 森林经营技术（第2版），刘进社，中国林业出版社，2015.
2. 低质低效林改造技术规程（LY/T 1690—2017）.

单元3 封山育林

封山育林是培育森林资源的一种重要营林方式，具有用工少、成本低、见效快、效益高等特点，对加快绿化速度，扩大森林面积，提高森林质量，促进社会经济发展发挥着重要作用。本单元通过了解封山育林的基本概念，对林地进行调查，根据相关规定及技术指南，完成一至数块林地的封山育林作业设计工作及管护方案的实施。

3.1 简介

封山育林又称封育，是利用森林的更新能力，在自然条件适宜的山区实行定期封山，禁止垦荒、放牧、砍柴等人为的破坏活动，以恢复森林植被的一种育林方式。封山育林必须制定可行的经营管理办法和有关政策，注意解决当地农民樵采、放牧、采药及经营其他林副产品等问题。要求当地政府和村民委员会组织农民对计划封育的区域进行规划，分区划片，制定管理办法。

3.1.1 封山育林特点

（1）有助于提升林业的生产能力

封山育林实施的过程中会逐渐形成一些不同类型的林木群，林木能够进行光合作用，对光能的有效利用率也得到了极大提升，从而能够为森林中的多种植被创造出良好的生存环境，这样不仅能够保护稀少植被，还能够提高多种植被对环境的适应能力，进而提高林业的生产能力。

（2）有助于实现植被的演替

进行封山育林不仅能够有效节省时间，还能够保障植被更好地生长，促使林业生态系统达到稳定的状态。如在一些山区可以实施全面绿化，这样既顺应了植被的演替过程，又保障了植被功能。

3.1.2 封山育林类型

（1）按照目标分类

①乔木型封育　乔木型封山育林是在小班调查的基础上，根据立地条件，以及母树、幼苗幼树、萌蘖根株等情况，把因人为干扰而形成的疏林地以及乔木适宜生长区域内，达到封育条件且乔木树种的母树、幼树、幼苗、根株占优势的无立木林地、宜林地封育为乔木型封育林地，以期实现通过一段时间的封山育林，使原有森林发展成更理想的乔木林的作业方式。

②乔灌型封育　根据立地条件，以及母树、幼苗幼树、萌蘖根株等情况，把其他疏林地，以及乔木适宜生长区域内，符合封育条件但乔木树种的母树、幼树、幼苗、根株不占优势的无立木林地、宜林地封育为乔灌型封育林地，以实现通过一段时间的封山育林，使原有森林发展成为更理想的乔灌林的作业方式。

③灌木型封育　根据立地条件，以及母树、幼苗幼树、萌蘖根株等情况，把乔木适宜生长上限，符合封育条件的无立木林地、宜林地封育为灌木型封育林地，以实现通过一段时间的封山育林，使原有森林恢复为更理想的灌木林的作业方式。

④灌草型封育　根据立地条件，以及母树、幼苗幼树、萌蘖根株等情况，把立地条件恶劣，如高山、陡坡、岩石裸露、砂地或干旱地区的宜林地段，封育为灌草型封育林地，以实现通过一段时间的封山育林，使原有森林恢复成更为理想的灌木林或灌丛草的作业方式。

（2）按照林地类型分类

①无林地和疏林地封育 对宜林地、无立木林地、疏林地实施封禁并辅以人工促进手段，使其形成森林或灌草植被的一项技术措施。

②有林地和灌木林地封育 对低质低效有林地、灌木林地实施封禁，并采取定向培育的育林措施，即通过保留目的树种幼苗、幼树，适当补植改造，并充分利用生态系统的自我修复能力提高林分质量的一项技术措施。

3.2 技术指南

3.2.1 封育区域

①封育区 实施封育措施的林地。
②在封区 当年正在实施封育的封育区，包括原封区和新封区。
③原封区 非当年开始封育且封育时间未达到封育年限的封育区。
④新封区 当年新增的封育区。
⑤解封区 达到封育年限后，解除封育措施的封育区。
⑥续封区 达到封育年限后，继续采取封育措施的封育区。

3.2.2 封育方式及其确定

（1）封育方式

①全封 在封育期间，禁止除实施育林措施以外的一切人为活动的封育方式。

②半封 在封育期间，林木主要生长季节实施全封；其他季节按作业设计进行樵采、割草等生产活动的封育方式。

③轮封 封育期间，根据封育区具体情况，将封育区划片分段，轮流实行全封或半封的封育方式。

（2）封育方式的确定

①边远山区、江河上游、水库集水区、水土流失严重地区、风沙危害特别严重地区，以及恢复植被较困难的封育区，宜实行全封。

②有一定目的树种、生长良好、林木覆盖度较大的封育区，可采用半封。

③当地群众生产、生活和燃料等有实际困难的非生态脆弱区的封育区，可采用轮封。

3.2.3 封育年限

封育年限是指确定达到封育标准所需要的年限。根据封育区所在地域的封育条件和封育目的确定封育年限，一般封育年限见表4-3-1。生态公益林的封育年限按《生态公益林建设 导则》（GB/T 18337.1—2001）规定执行。

表 4-3-1　封育年限表

封育类型		封育年限(年)	
		南方	北方
无林地和疏林地封育	乔木型	6~8	8~10
	乔灌型	5~7	6~8
	灌木型	4~5	5~6
	灌草型	2~4	4~6
	竹林型	4~5	—
有林地和灌木林地封育		3~5	4~7

3.2.4　封育规划设计

(1)封育区规划

在林业发展规划、土地利用规划及森林经营方案的基础上,结合已有资料或(和)调查资料,进行封山(沙)育林规划。规划内容主要包括封育范围、封育条件、经营目的、封育方式、封育年限、封育措施及封育成效预测等。规划成果报请上级林业主管部门或所在县人民政府审批后,作为封山(沙)育林作业设计的依据。

(2)作业设计调查

①基本情况收集　全面了解封山(沙)育林范围内的自然环境、社会经济条件和植被状况,具体包括以下方面:

自然环境条件:包括封育区的气候、地形、地貌、土壤等。

社会经济条件:包括当地人口分布、交通条件、农业生产状况、人均收入水平、农村生产生活用材、能源和饲料供需条件及今后当地发展前景等。

植被状况:包括当地曾分布的自然植被类型,现有天然更新和萌蘖能力强的树种分布情况,以及森林火灾和病、虫、鼠害等。

②封育区调查　封育区调查应在森林资源规划设计调查的基础上,尽量利用已有各类调查资料,不能满足需要时宜做补充调查。小班区划和调查执行国家有关标准规定。

③样圆(方)设置　小班内母树、幼树、幼苗、根株数量与分布状况调查采用小样圆(方)实测方法。在小班内机械布设调查样圆(方),设置的调查样圆(方)面积以 10m² 为宜,数量按小班面积确定,具体要求见表4-3-2。

表 4-3-2　调查样圆(方)数量表

小班面积(hm²)	抽样强度(%)
≤5	≥1.2
>5	≥1
>10	≥0.5
>20	≥0.3

样圆(方)调查项目包括：样圆(方)内母树树种、株数；竹类名称、株(丛)数及杂竹覆盖度；灌木树种、丛(株)数、盖度；国家重点保护树种、株数；幼苗和幼树的树种、株数；萌芽乔木树种、蔸数等。

统计调查小班的母树、幼树、幼苗、根株、竹(丛)、灌丛等因子，按式(4-3)计算。

$$\bar{X} = \frac{1}{n}\sum_{i=0}^{n} x_i \times 10\ 000/S_i \tag{4-3}$$

式中 $\bar{X}$——封育小班平均每公顷株数，株/hm²；

x_i——样圆(方)内母树、幼树、幼苗、竹等株(丛)数和灌木丛数；

S_i——样地或线面积，m²；

n——样圆(方)数。

（3）作业设计

封山(沙)育林作业以封育区为单位，设计文件主要满足《封山(沙)育林技术规程》(GB/T 15163—2018)的要求，至少应包括以下内容：

①封育区范围 确定封育区面积与四至边界。

②封育区概况 明确封育区自然条件、森林资源和封育区地类与规模等。

③封育类型 根据封育区条件确定封育类型，以小班为单位按封育类型统计封育面积。

④封育方式 根据当地群众生产、生活需要和封育条件，以及封育区的生态重要程度确定封育方式。

⑤封育年限 根据当地封育条件、封育类型和人工促进手段，因地制宜地确定封育区的封育年限。

⑥封育组织和封育责任人。

⑦封育作业措施 包括以封育区为单位设计围栏、哨卡、标志等设施和巡护、护林防火、病害、虫害、鼠害防治措施；以小班为单位设计育林、培育管理等措施。

⑧投资概算 根据封山(沙)育林设施建设规模和管护、育林、培育管理工作量进行投资概算，并提出资金来源和筹措办法。

⑨封育效益 按封育目的，估测项目实施的生态、经济与社会效益。

⑩附表 包括封育小班现状调查表，小班作业设计一览表，封育类型、措施统计表等。

⑪附图 按《林业地图图式》(LY/T 1821—2009)或其他有关规定标明图式，主要包括封育范围、林班和小班界线、封禁措施及育林措施等；附图比例尺应在1∶5000以上；在图面空白处列表注记小班因子主要内容。注记主要因子为小班号、小班面积、主要培育树种(乔、灌、草、竹)、封育类型、方式、年限等。

3.3 教学指南

3.3.1 教学方法说明

（1）教学时间

本教学应该在要封山育林的地区进行。教学主要通过调查、讨论、理论教学、实践教学加上总结完成培训内容。

（2）课题引入

首先来到封山育林地区，带领学员调查当地的森林状况、植被特点。接着开展讨论交流，围绕森林状况的改观，学员各自提出解决问题的办法。培训人员对大家的答案进行逐一分析，引入本次封山育林培训的内容。

（3）理论培训

介绍技术指南内关于封育的基础知识。

（4）实践培训

培训封育范围的划定，封育标牌、界桩的设定；封育管理的日常工作及封育目标效果，如何进行解封等。

（5）培训总结

总结本次培训的内容，重点及注意事项。

3.3.2 教学练习总结

简介：本教学旨在对需要进行封山育林的乡村实施人员进行培训，促进封育地区的林木生长，恢复林地正常的生态功能，防治林地资源恶化	目标：了解封育的基本定义，掌握封育的基本调查及封育标志设置方法，开展巡逻防护，掌握解封时间	步骤：了解为什么要封育，进行封育调查，开展封育防护，进行日常巡护，解封	培训对象：决策者、村民
培训教师：林业推广员	地点：实地	时间：约0.5d	培训人数：10~20人

3.3.3 教学过程设计

时间	目的	内容及程序	材料
10min	布置场地、人员准备	与学员见面；自我介绍；学员互相介绍；了解他们的身份；解释该单元培训方案及时间；介绍开设这一单元培训的目的	无
1h	活跃气氛	进入实地，评价森林的状况；讨论当前森林可以采取的经营措施；向学员展示森林封育后的情况	电子资料
45min	基础知识培训	培训封山育林的基本知识	围栏、标牌、界桩等
1h	封山育林的实施	划分封山育林的范围、实施方式、措施及日常管理内容	
1h	加强知识巩固	现场提问、答疑及实操	
10min	总结	总结本次培训的内容	培训资料

○ 思考题

1. 简述封山育林的概念及作用。

2. 简述封山育林的类型。

3. 试述如何确定封育方式和封育类型。

4. 简述封山育林作业设计的主要内容。

○ **推荐阅读**

1. 森林经营技术(第2版),刘进社,中国林业出版社,2015.
2. 封山(沙)育林技术规程(GB/T 15163—2018).

单元4　森林主伐更新

森林主伐更新是一种重要的森林经营手段,通过实施合理采伐技术,及时更新采伐迹地,恢复和扩大森林资源,在林业生产中普遍应用。森林采伐更新要贯彻"以营林为基础,普遍护林,大力造林,采育结合,永续利用"的林业建设方针,执行森林经营方案,实行限额采伐,发挥森林的生态效益、经济效益和社会效益。本单元通过了解采伐更新的基本概念,实现对森林资源的合理利用,并及时制定森林更新措施,保障林地资源可持续利用。

4.1　简介

森林主伐是对成熟林分或部分成熟林木进行的采伐。不仅是获取木材,更重要的是保证森林更新,使森林成为永续利用的资源。森林可持续经营是森林资源可持续利用的基础,应科学制定森林经营规划和年度实施计划,合理选择作业方式,科学确定采伐量,采伐迹地及时更新,确保森林可持续利用。

4.1.1　相关概念

①皆伐　短期内一次采伐全部林木,人工更新或天然更新恢复森林。

②渐伐　在较长期间内(不超过1个龄级)分数次采伐掉伐区上的成熟林木。

③择伐　单株或群状采伐掉成熟林木,形成并始终保持异龄林。

④森林更新　天然林或人工林经过采伐、火烧或因其他自然灾害而消失后,在这些迹地上自然或人为重新恢复森林的过程。

⑤人工更新要求　在采伐后的当年或者翌年必须完成更新造林任务。

⑥更新方法　人工更新、天然更新、人工促进天然更新。

⑦伐区　同一年度内采用相同采伐类型进行作业的、在地域上相连的森林地段。

4.1.2　主伐方式的确定

主伐方式对森林资源的利用、防护效能的发挥、后备资源的恢复产生具有重要影响,必须考虑以下方面:

①林分的作用　林种不同,主导作用不同,所采用的主导方式也不同。

②林分结构　组成、年龄、起源、郁闭度、层次结构及水平分布不同,应该选用的主伐方式也不同。

③林分与树种更新的特点　林下更新良好的林分采用择伐或渐伐;目的树种种子易飞散、易成苗,可采用皆伐。

④最佳效益 将主伐与更新统一考虑，使两者协调以取得最大的经济效益。

4.2 技术指南

4.2.1 皆伐更新

（1）皆伐迹地的特点

地表温度升高，湿度降低；更新苗易发生霜冻、日灼危害和病虫害；新皆伐迹地杂草灌丛少，后期喜光杂草侵占，根系盘结等。

（2）皆伐迹地的天然更新

①种子来源 邻近林分（种子主要靠风播于全伐区）、采伐木（当采伐作业在种子年且种子成熟时）和地被物（森林土壤和枯枝落叶层中储备大量的种子）。

②技术措施 保留母树（皆伐后依赖天然更新的，每公顷要保留适当数量的单株或群状母树）、采伐迹地清理和整地（清理指清除采伐剩余物、杂草、灌木等；整地指增加种子与土壤接触机会）、保留前更新幼树（前更新幼树保留后光照充足、生长迅速，保留可促进林分提前郁闭，缩短培育周期）、补植补播（天然更新不理想时，采取人工促进天然更新，使林分达到更新要求的密度）。

（3）皆伐迹地的人工更新

①方法 植苗更新和播种更新。最常见的是植苗更新。

②技术要点 更新要及时，最好采伐当年更新，最迟第二年更新，充分利用天然更新，减少人工更新。

（4）皆伐的种类

①带状间隔皆伐 将整个采伐的林分划成若干采伐带（伐区），隔一带采伐一带。几年后，当采伐带内已更新起来，再伐保留带（图4-4-1、图4-4-2）。

②带状连续皆伐 每一个新伐区紧靠前一个伐区设置（图4-4-2、图4-4-3）。

③块状皆伐 地形变化大或异龄林分片状混交时，可块状采伐。

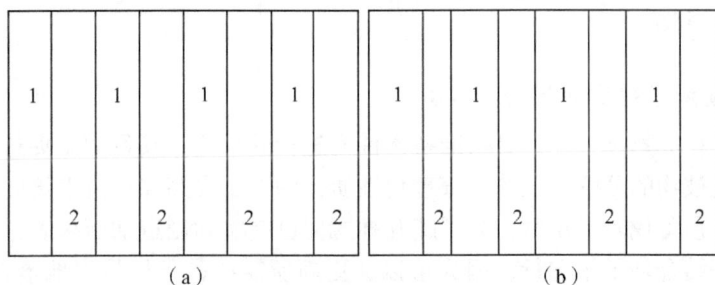

(a)等带间隔皆伐(伐区宽度相等)　(b)不等带间隔皆伐(第一列伐区较宽，第二列伐区较窄)
1. 第1次采伐的伐区(采伐带)；2. 第2次采伐的伐区(保留带)

图4-4-1 带状间隔皆伐示意

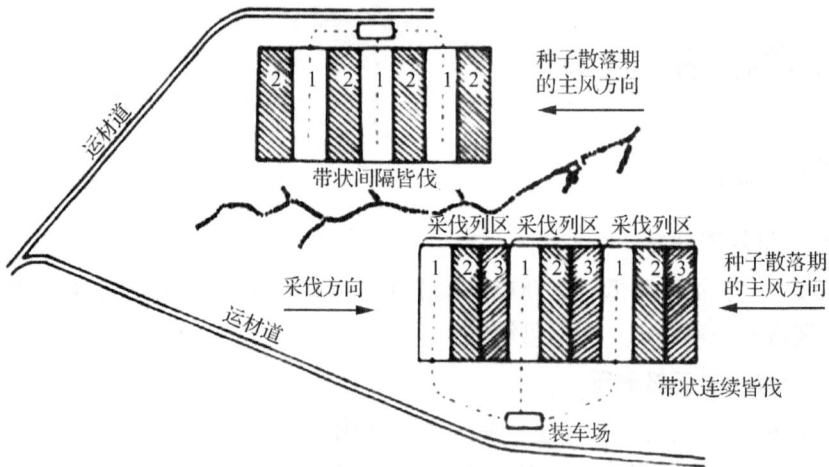

1.第1次采伐带；2.第2次采伐带；3.第3次采伐带

图 4-4-2　伐区排列方法

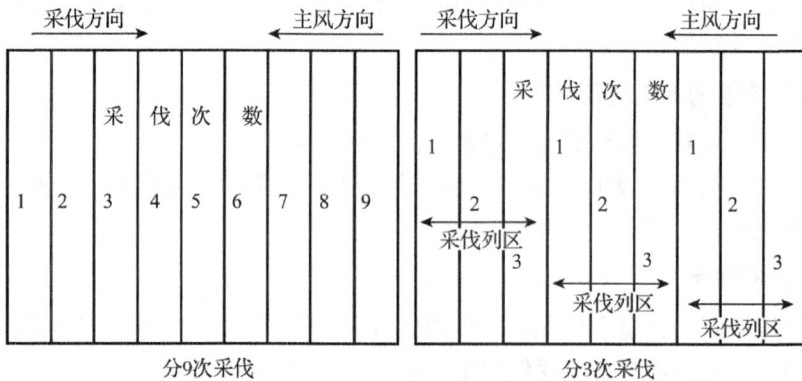

图 4-4-3　带状连续皆伐示意

4.2.2　渐伐更新

（1）渐伐更新过程及特点(表 4-4-1)

①预备伐　在成熟林分中为更新准备条件而进行的采伐。其目的是促进保留的优良木结实，加速死地被物的分解，改善土壤理化性质，为种子发芽和幼苗生长创造条件。

②下种伐　预备伐若干年后，为了疏开林冠促进结实和创造幼苗生长条件而进行的采伐。下种伐最好结合种子年进行，因为可以让更新所需的种子尽量多地落在渐伐林地上。采伐后可在林冠下进行带状或块状松土，增加种子与土壤接触的机会。预备伐和下种伐的间隔期，取决于树种的生物学特性，耐阴树种可长些(5~6 年)，喜光树种可短些(3~4 年)。

③受光伐　增加幼苗、幼树光照而进行的采伐。下种伐后，林地上逐渐长出的幼树对光照需求越来越多，此时的幼树仍需一定的森林环境给予保护，因此林地上还需保留少量的林木。此期间，如果保留太多林木至后伐，对幼苗幼树的损害会增加。下种伐到受光伐的间隔期，与林下幼苗、幼树的生物学特性有关，如为耐阴树种，需要较长时间，如为喜光树种，抵抗力强，间隔期可短些，甚至可以省略受光伐，直接进行后伐。

④后伐　受光伐后3~5年，幼树接近或达到郁闭状态，已不需要老树的保护，需要将林地上的所有老树全部伐去。后伐必须及时进行，一方面为保证幼树的生长需求；另一方面，幼树越高，在伐木、集材过程中受害越大。

表4-4-1　渐伐更新过程及特点

指标	渐伐更新类型			
	预备伐	下种伐	受光伐	后伐
对象	郁闭度大、林冠发育差，林木密集、死地被物厚，妨碍种子发芽	疏开林冠促进结实，为幼苗生长创造条件	给更新的幼苗增加光照	受光伐后3~5年
采伐蓄积量	25%~30%	10%~15%	10%~25%	伐去全部老树
伐后郁闭度	0.6~0.7	0.4~0.6	0.2~0.4	

（2）渐伐的种类

①按采伐次数分类

典型渐伐：适用于生长正常、林相好、郁闭度高的成熟林分，一般分4次采伐完毕。

简易渐伐：森林采伐作业规程中规定，渐伐一般采用二次或三次渐伐。

——二次渐伐：受光伐和后伐；上层林木郁闭度小，伐前天然更新等级中等以上。

——三次渐伐：没有预备伐；上层林木郁闭度较大，伐前更新等级中等以下。

②按伐区排列方式分类

均匀渐伐：在预定要进行渐伐的全林范围内，同时均匀地进行预备伐、下种伐、受光伐和后伐。

带状渐伐：将伐区分成若干带，在各带上顺次进行各个步骤的渐伐(图4-4-4)。

群状渐伐：将生长有幼苗、幼树而上层林木稀疏的地段作为基点，先进行采伐，然后向四周逐渐扩大到全林，至最后老林伐尽时，出现许多金字塔形的新一代幼林(图4-4-5)。

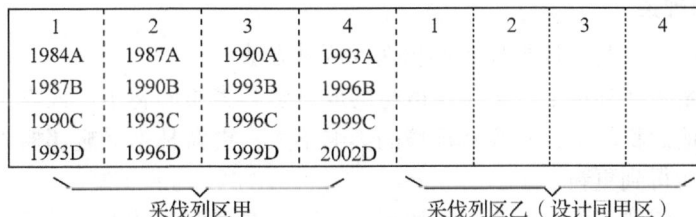

1	2	3	4	1	2	3	4
1984A	1987A	1990A	1993A				
1987B	1990B	1993B	1996B				
1990C	1993C	1996C	1999C				
1993D	1996D	1999D	2002D				

采伐列区甲　　　　　　　采伐列区乙（设计同甲区）

图4-4-4　带状渐伐

（A表示预备伐；B表示下种伐；C表示受光伐；D表示后伐）

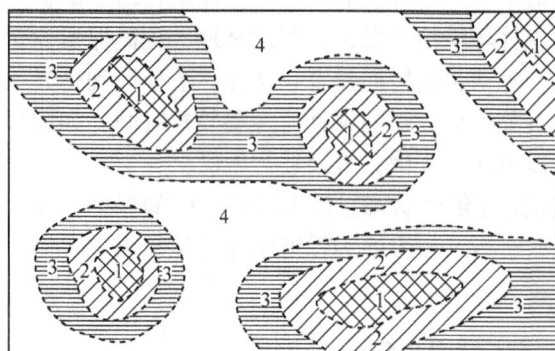

采伐种类	采伐地段号			
	1	2	3	4
预备和下种伐相结合	各伐区采伐年度			
		1970	1975	1980
采光伐		1975	1980	1985
后伐	1970	1980	1985	1990

（采伐前在采伐段1号便有前更幼树，故只有后伐）

图 4-4-5　群状渐伐

4.2.3　择伐更新

（1）择伐更新的过程及其特点

①过程　每次在林中有选择性地伐去一部分成熟木，林地上始终保持着多龄级林木。森林的天然更新是连续进行的，择伐后更新的林分仍是异龄复层林(图 4-4-6)。

图 4-4-6　择伐后的林相

②特点　符合森林发生发展的自然规律，改善环境作用强，伐去部分上层木，改善林内光照，提高土壤温度和养分有效性。

更新一般有保障，保留有较多的林木，森林环境条件好，有助于种子发芽与幼苗、幼树的生长。

（2）择伐的种类

①集约择伐法　分为单株择伐和群状择伐两种方法。

单株择伐：是指在林地上伐去单株散生的成过熟和劣质的林木。该方法的特点是，采伐后形成的林隙地面积较小，对森林环境的影响不大；更新林木受毗邻树木的压抑，只有较耐阴的树种才能得到更新。

群状择伐：小团状采伐成熟木，每块可包括两株或更多的林木，块的最大直径可达周围树高的2倍。该方法的特点是，择伐地块大小依树种对光照的要求确定，喜光树种大些；择伐地块由同龄的树木组成，但全林仍是异龄的。

一般采用天然更新，更新不良时，用人工更新加以辅助。

②集约择伐的技术要点　采伐强度为采伐量与林木净生长量平衡；采伐木的选择遵循采大留小、采劣留优的原则。集约择伐技术要求高。

③粗放择伐

采用径级择伐：确定采伐木的标准主要是径级，即根据对木材的要求，决定最低的采伐径级。在最低采伐径级以上的林木才可采伐。

择伐采伐木确定：合理的择伐应将采伐与育林结合。

——上层林：伐去成熟木和影响幼壮林生长的径级较大的病虫害木、弯曲木、霸王树。

——中层林：类似抚育间伐，伐去濒死木、枯立木及干形不良者。

——下层林：伐去不能成材的受害木、弯曲木及多余的非目的树种。

4.3　教学指南

4.3.1　教学方法说明

（1）教学时间

主要分理论和实践两方面进行教学。

（2）理论教学

通过图片及图解的方式，讲解皆伐、渐伐、择伐的操作步骤、异同点及适用方法。该部分内容适合在教室进行。通过多媒体、图片、视频等内容，介绍林相及适用采伐技术、更新技术。以讲解为主。

（3）实践教学

来到林地，让学员对林地进行调查，回来后讨论应该选择哪种主伐方式。现场分析并讲解林地特点，指出准确的主伐方式。带领学员进入林地，对需要采伐的树木进行标记，并告之采伐原因及时间顺序。完成采伐。

（4）更新效果检验

半年或一年以后对林地进行调查，查看林地的更新情况，实时调整经营策略。

4.3.2　教学练习总结

简介：本教学旨在对成熟林地资源进行经营管理，主要从采伐及天然更新两个方面恢复森林。主要方式：皆伐、渐伐、择伐	目标：了解成熟林地林木的特点；掌握皆伐、渐伐、择伐3种主伐模式的操作，达到林地资源天然更新的目的；学会采伐技术及掌握安全操作	步骤：了解主伐3种模式的特点及操作方式；进行林地调查；选择主伐模式；标记采伐木及采伐时间；学习采伐技术；观察林木更新状况；补充相应措施	培训对象：决策者、村民
培训教师：林业推广员	地点：实地	时间：约0.5d	培训人数：10~20人

4.3.3 教学过程设计

时间	目的	内容及程序	材料
10min	活跃气氛	与学员见面；自我介绍；学员互相介绍；了解他们的身份；解释该单元培训方案及时间；介绍开设这一培训单元的目的，介绍培训目标	无
45min	掌握3种主伐模式的特点及适用条件	讲解成熟林地的不同情况，3种主伐模式及各个模式的适用对象，操作步骤	电子资料
30h	调查林地	进入实地，评价森林的状况；讨论当前森林可以采取的经营措施	无
1h	采伐方式和采伐木的选择	确定采伐方式，标记采伐木及采伐时间	记号笔、油锯等
2h	学会正确的采伐技术	采伐技术、控制伐木倒向及安全知识	
1h	加强知识巩固	现场提问、答疑及实操	
10min	总结	总结本次培训的内容	培训资料

○ **思考题**

1. 简述森林主伐更新的含义及作用。
2. 简述森林主伐更新的类型及各自特点。
3. 试述渐伐更新的特点。
4. 试述择伐更新的特点。

○ **推荐阅读**

1. 森林经营技术(第2版)，刘进社，中国林业出版社，2016.
2. 森林培育学(第3版)，翟明普、沈国舫，中国林业出版社，2016.
3. 森林采伐作业规程(LY/T 1646—2005).

单元5   林下经济

　　林下经济是依托森林、林地和生态环境，以复合经营为主要特征的生态友好型经济类型。这里的"林"是指森林，是以乔木为主体的生物群落，由乔木与其他植物、动物、微生物以及无机环境之间相互依存、相互制约、相互影响而形成的一个生态系统。这里的"下"突破方位含义，用在出处，赋予了广泛的空间含义。这里的"经济"是指经世济民，是耗费少而收益多的意思。复合经营是指非单一经营形式，如林-农、林-药、林-牧、林-桑-渔等。生态友好是指符合可持续经营原则，经营目标生态经济兼顾，产品为天然、有机或绿色，有益于人类健康和福祉。

5.1　简介

一般认为，林下经济主要涉及林下种植、林下养殖、林下产品采集加工和森林旅游4个方面的内容。

（1）林下种植

林下种植是指充分利用林下土地资源和林荫优势，在以乔木为主的林地下种植经济林（水果）、农作物、种苗和微生物（菌类）等，从而使林上林下实现资源共享、优势互补、循环相生、协调发展的一个生态林业模式。林下种植可以达到近期得利、长期得林、远近结合，以短养长、立体化经营的产业化效应。林下种植在林地的选择与准备，栽植苗的密度，林上林下的郁闭度以及品种的选择上都有一定的技术含量。

（2）林下养殖

林下养殖主要是指在林下养殖畜禽、水产、特种经济动物等，它能充分利用林地闲置空间，提高产品品质，改善林内环境，实现经济效益、社会效益和生态效益"三赢"。林下养殖主要为家禽养殖，禽畜产生的粪便可以为树木的生长提供优质的有机肥料，禽畜还能有效防治树木害虫，节约饲料费、肥料费和病虫害防治费，形成以草养牧、以牧促林、以林护牧的良好循环。林下养殖使禽畜食物资源丰富，活动场地大、空气新鲜，两者的有机结合使这个模式有很好的经济效益。

（3）林下产品采集加工

林下产品采集加工主要是指利用林地的生态环境以及自然资源，如中药材、野生菌、山野菜、松香、栲胶、樟脑、林产动植物香料、木本油料等资源，进行合理开发和利用，包括中药材、野生菌、山野菜、森林食品采集加工，水果、坚果采集加工，林产品罐头和蜜饯制造，林产饮料、林产动植物产品如竹、藤、棕、苇等加工内容。林下产品采集加工形态具有3个特点：①投入少，许多林下产品的采集加工无须投入，直接利用天然的自然资源即可；②时间长，林下产品的采集期较长，林农随时可以进行采摘，不会耽误其他农业活动；③见效快，林下产品采集加工一般都能够当年收获。

目前，林下产品采集加工生产形式在湖北主要包括中药材采集、藤芒编织、松脂采集、竹笋采集以及野菜采集等多个主要形式。中药材采集主要采集林下中草药；藤芒编织主要是利用林下富裕的藤、芒，进行编织致富；松脂加工主要采割松树中流出的松脂，并制作成松香、松香油等产品；竹笋采集加工主要采集林下种植的麻竹笋、水竹笋；野菜采集主要采集林下的蕨菜、地皮菜、野生菌等。

（4）森林旅游

森林旅游是指在林区内依托森林风景资源发生的以旅游为主要目的的多种形式的野游活动。森林旅游为林农增加了就业机会，吸收了农村剩余劳动力，使林农在参与森林旅游活动过程中，获得经济实惠，生活更加宽裕。同时森林旅游的发展能够带动其他相关产业的发展，如道路交通、餐饮、娱乐等产业，产生投资与就业的乘数效应，为林农参与旅游、增加收入提供广阔的空间。

森林旅游作为一个新兴产业，是在充分发挥山清水秀、空气清新、生态良好的优势，合理利用森林景观、自然环境和林下产品资源，发展旅游观光、休闲度假、康复疗养等相关的产业。它是林下经济的一个系统开发工程，可结合林下养殖业、种植业及养蜂业，通过森林旅游中的餐饮业、旅游土特产品和纪念品的开发，发展以休闲、度假、观光、考察、探险等为主要项目的森林旅游业。

森林旅游必须具备以下条件：①无论是人工林、商品林，还是天然林、自然保护区，一定要有优质的森林资源；②要有相应的基础设施建设，如开发便利发达的交通条件以及游客服务中心、宾馆、停车场、旅游步道等基础设施；③要科学制定中长期发展目标，合理布局，制定开发与保护的规划和制度，统筹兼顾林下经济的经济、社会和生态效益。在发展森林旅游中，也要坚持分类管理、分区实施策略，特别对重要生态区位的森林、天然阔叶林及其混交林、自然保护区核心区等开发森林旅游时，对基础设施的建设、旅游人数的最大容纳量都应进行科学评估，避免因森林旅游的过度开发而破坏原有的森林生态系统。

森林旅游可打造出具有各个地区特色的森林公园、森林人家，林家乐、林下采摘等模式，将经济和人们需求一同满足，增强林游核心竞争力。例如，湖北省拥有许多有旅游价值的林地、自然风景优美的天然环境，利用鄂西南喀斯特地貌的地理优势，发展林下旅游，能够提升农业、旅游业综合发展，带动林农走上致富道路，适宜在近郊且林业区位处于较高的地区发展，如宜昌、十堰、襄阳、恩施、黄冈等山区。

5.2 技术指南

（1）"一竹三笋"模式

毛竹是我国森林资源的重要组成部分。例如，湖北咸宁为毛竹自然分布区的中心产区，多年来都在大力营造毛竹林，并进行大面积低产林改造。"一竹三笋"模式就是在此基础上逐渐成熟起来的典型林下经济模式。这种模式是通过对竹林下土壤的精耕细作和砻糠竹叶覆盖措施，大幅提高"三笋"（春笋、冬笋、鞭笋）产量，从而提高经济效益（图4-5-1）。这是一种特殊的林下种植模式，虽然只种植一种作物，但它与传统的竹材林具有质的

图 4-5-1 "一竹三笋"模式

差别，具体体现在两个方面：一是管理性质发生了变化，由原来粗放管理为主，转向精细管理为主，投入明显增加；二是生产目的发生了变化，由原来的间伐竹材为主，转向收获竹笋为主，收入显著增加。

（2）林苗模式

林苗模式主要是利用在苗木培育至销售前期这段时期，充分利用林木的遮阴效果，在林下套种山地小水果或者其他小花木苗。有人将林苗模式称为林花模式，有人将其称为林

苗一体化模式，虽然名字不同，但内容一致
（图4-5-2）。对于稀疏林可以培育木本花卉苗，间
距大时还可培育喜光的观赏花木。而对于种植密
度较大的林分地或果园，多以种植草本花卉为主，
如宿根花卉。宿根花卉为多年生草本花卉，一般耐
寒性较强，可以露地过冬。其中又可分为两类：一
类是菊花、芍药、玉簪、萱草等，以宿根越冬，而
地上部分茎叶每年冬季全部枯死，翌年春季又从根
部萌发出新的茎叶，生长开花；另一类是万年青、
吉祥草、一叶兰等，地上部分全年保持常绿。

图4-5-2　林苗模式

（3）林茶模式

　　林茶模式属于农林复合经营系统范畴，林茶间作在空间上，上下配置；在时间上，发
育次序既有先后又有交叉；在产业结构上，林茶业合理布局；在生物物种上，互利共生，
充分利用自然资源，使系统高效率地输出多种产品，提高土地利用率和生物能的利用效
率。众多研究表明，林茶复合经营能有效提高茶叶的产量和质量，同时也为南方一些地区
的低产林改造提供了一种可行的选择。但就目前来说，其研究还存在一些较为模糊的领
域，特别是在间作树种的选择标准、配置方式以及评价标准方面仍然有较为广阔的研究空
间。该模式在湖北省林下经济中是采用比较多的模式，包括湿地松+茶模式、泡桐+茶模
式、板栗+茶模式、银杏+茶模式、柿子+茶模式和香椿+茶模式等。

（4）林草模式

　　林草模式是指由森林和草地结合形成的多层次人工植被，是有目的地把多年生木本植
物与农业、牧业布置在同一土地上，并采取时空分布或短期相间栽种来提高林业经济的一
种新型模式（图4-5-3）。在郁闭度0.7以下的林地，可种植紫花苜蓿、黑麦草等优质牧草，
既可出售优质牧草，也可放养畜禽。在此模式中，草本植物可以作为纽带，使系统成为自
给自足的经济型生态系统。主要功能包括：增加地表覆盖，有效抑制幼林地的水土流失；
改善树木生长环境，降低盛夏地表温度，减少病虫害发生；地表割刈后可直接作为树木的
绿肥；地下根系改善土壤的理化性质，更有利于保水、保肥；作为饲料供给草食家畜，家
畜粪便直接还于林地，提高土壤肥力；土壤有机质含量逐步提高，同时减少化肥的使用
量，减少对环境的污染。

（5）林粮模式

　　根据林木与作物的生物学特性和经营水平的不同，在成林或幼林中间作，如林–农间
作、林–蔬菜间作等。在幼年树林下种植番薯、西瓜、玉米、马铃薯、花生、萝卜等传统
粮食，看起来很普通，但人们已在重新认识它们的价值（图4-5-4）。这些一二年生粮食、
蔬菜，种植后几个月就可收获，这一特性使它可以很灵活地合理利用幼林的光照和土地空
间，并有改善土壤理化性能和林间小气候的作用，对其上的幼树生长十分有利。该模式虽
然直接的经济效益相对较低，但操作比较简单，山区林农都熟悉这类作物的种植技术，很
容易获得成功。

图 4-5-3　林草模式

图 4-5-4　林粮模式

（6）林菌模式（食用菌林地野外栽培）

林菌模式就是采用人工接种，培养大量菌丝体；菌丝体成熟后返回到林地等适宜食用菌生长发育地方，在全天候的天然林温度、湿度、通风、光照的环境中培养出菇，采收子实体（图 4-5-5）。例如，利用郁闭森林空气湿度大、氧气充足、光线弱、昼夜温差小的特点，种植竹荪、双孢蘑菇、木耳、平菇、香菇、草菇、鸡腿菇等食用菌是湖北省主要的林菌模式。其优势包括：①不占用耕地，充分利用现有林地资源；②基础设施标准低，资金投入较少，相对于传统设施农业，林地食用菌对基础设施的要求较低，种植户在基础设施上的一次性投入较少；③生长期短，投资回收快，食用菌生产周期从菌棒投放到收获完毕一般不超过3 个月，部分品种生长周期甚至只有一个半月，生产期短，降低了投资风险，加快了林农增收致富的步伐；④促进林木生长，食用菌生长需要喷洒适量的水，大面积的食用菌生产有力地延缓了水分的蒸发，使林木生长对水的需求有了保障，从而促进林木生长。目前比较成功的林菌模式，主要是在郁闭的林下种植双孢蘑菇、鸡腿菇、平菇、香菇等食用菌。

图 4-5-5　林菌模式

图 4-5-6　林药模式

（7）林药模式

林药模式即在林间空地上间种较为耐阴的中药材，特别是那些怕高温、忌强光的药材，有利于药材的生长，也可达到"以短养长"的目的（图 4-5-6）。一般选择在用材林、经济林、能源林下种植药材，适宜林下种植的药材主要包括黄连、天麻、石斛、人参、杜仲、红豆杉、厚朴、芍药、牡丹、茯苓、太子参、草果、柴胡、灵芝、桔梗、甘草、重楼、黄芪、板蓝根、川明参、五味子、丹参、金线莲、菊花、细辛、黄芩、葛根、党参、元胡、玄参、草珊瑚、当归、黄精、苍术、巴戟天、两面针、大黄、肉苁蓉、益智、贝母、何首乌、沙参、前胡、川芎、半夏、地黄、三七、白芷、独活、灵香草、防风、广藿香、淫羊藿、金钱草、草乌等。

（8）林禽模式

林禽模式是指在林下透光性、空气流通性好的环境条件，充分利用林下空间及林下丰富的昆虫、杂草等资源，放养或圈养鸡、鸭、鹅等禽类。利用林下空间，供禽类活动，林下的草木、昆虫可补充鸡、鸭、鹅的饲料，鸡、鸭、鹅的粪便经过处理可做林地的肥料。林禽模式中以养鸡数量最多，林下为柴鸡提供生存环境，鸡食昆虫，不需再喂任何添加剂饲料，同时鸡粪还可以为树木提供肥料，实现了以林"养"鸡，以鸡"育"林。

（9）林畜模式

在林下种植牧草，再用牧草作饲料养羊、梅花鹿、菜牛等家畜，不仅可大幅降低饲养成本，而且家畜的肉质好，效益高。在林木成长为中龄林以后，可在林下适度放养猪、羊等家畜，这种模式主要在平原地区地势平坦的用材林地中进行，山地不宜发展（图4-5-7）。林畜模式现在还不是一个广泛推广的模式，虽然在管理良好的情况下，每年的经济效益比较高。新造林地禁放羊或放牛，以免伤害幼树。

图 4-5-7　林畜模式

（10）林蜂模式

利用森林里丰富的蜜源植物，饲养蜜蜂，发展养蜂业，获取蜂蜜资源。森林是良好的蜜源基地，林下养蜂可以改善蜂群内小气候环境，蜜蜂通过采花酿蜜，帮助树木传授花粉，使树木结出果实和种子，帮助树木培育子孙后代、提高生物多样性的同时，又为林农增加了蜂蜜等财富，产生可观的林业收益（图4-5-8）。常见的蜜源植物包括粮食作物中的荞麦，油料作物中的油菜、向日葵、红花、芝麻、芝麻菜，纤维作物中的棉花，豆科牧草和绿肥中的紫花苜蓿、草木樨、紫云英、苕子，果树中的柑橘、枣、荔枝、龙眼、枇杷，树木中的椴树、刺槐、蓝果树、桉树和荆条、野坝子等灌木；野草中的香薷、老瓜头、水苏，以及香料植物中的薰衣草、麝香草等，这些是蜂群周期性转地饲养的主要蜜源。例如，林蜂模式适用于湖北省西北、西南、东南和东北广大山区。

（11）林蝉模式

在郁闭的林地内浅埋孵化好的蝉卵种条养殖蚱蝉，其蝉蜕及雄蝉都可以入药（图4-5-9）。刚出土的老龄幼虫营养丰富，虫体蛋白质含量58%～72%、脂肪含量10%～32%。目前蝉作为保健食品，市场需求量越来越大，价格越来越高。仅靠野生资源已不能满足需要，目前已开始人工饲养，业内人士预言，蝉将成为人类重要的绿色食品之一。人工养蝉投资小、技术容易掌握、省工时、效益高、无风险，是林农新的致富项目。

图 4-5-8　林蜂模式

图 4-5-9　林蝉模式

除此之外，还有林地内养殖林蛙、蝗虫等模式。如王大明通过林下养殖中国林蛙技术的研究，确定林蛙养殖区应具备 4 个条件：①森林植被较好，林木以阔叶为主，郁闭度 0.6 以上；②水源充足，四季长流，无污染；③昆虫资源丰富；④满足以小流域为单元的森林环境条件。

5.3　教学指南

5.3.1　教学方法说明

通过理论学习和实践活动，了解林下种植、林下养殖、林下产品采集加工和森林旅游 4 个方面的内容，掌握常见的林下经济经营模式，结合当地经济、社会、林分特点，设计合适的林下经济模式，并进行经济效益分析和风险评估。

完成理论教学任务之后，带领学生就近访问林下种植、林下养殖、林下产品采集加工和森林旅游基地，实地参观各种林下经济模式，听取工作人员介绍目前林下经济，了解常见的林下经济经营模式技术特点，结合所学理论对目前常见的林下经济模式的优缺点做出评价，待返校后开展小组讨论或提交实习报告。

（1）理论学习

组织学生观看林下种植、林下养殖、林下产品采集加工和森林旅游 4 个典型短视频，引起学生的兴趣，加深对林下经济的印象，为后续的课程讲解打下基础。

大家讲述身边常见的林下经济模式，着重分析林下经济的树种和林下种植植物或林下养殖动物关系是否相互促进，有无不利影响，如何克服或者避免不利影响等。在对林下经济有了初步了解之后开始讲述林下经济的相关知识，然后从实例出发归纳总结林下经济的特点，结合当地经济、社会、林分特点，设计合适的林下经济模式，并进行经济效益分析和风险评估。

（2）实践过程

在学生进入林下经济示范基地实习之前与相关负责人对接，委托基地工作人员安排好路线，尽可能顾及各种林下经济模式。实习以参观学习为主，到达基地后由基地负责人员对该基地进行简要介绍，对林下经济知识在实践中的运用进行讲解。由各林下经济模式技术人员对该模式设计、实施、管理等技术要点进行讲解和示范，并引导学生对自己不清楚的问题进行提问，提高感性认识。

（3）归纳总结

返校后分小组讨论或者提交实习报告，内容包括对林下经济的认识、常见林下经济模式技术要点。学生根据参观结果，结合当地经济、社会、林分特点，设计出新的类似林下经济模式，通过成果展示、同学互评、教师点评等环节，进一步夯实学生的技能基础，同时让学生感受林下经济的实用性和科学性。

5.3.2 教学练习总结

简介：本教学主要包括林下种植、林下养殖、林下产品采集加工和森林旅游4个方面的内容，介绍常见的林苗、林茶、林草、林粮、林菌、林药、林禽、林畜等林下经济种养模式	目的：了解林下经济有关知识；学习常见的林苗、林茶、林草、林粮、林菌、林药、林禽、林畜等林下经济种养模式；结合当地经济、社会、林分特点，设计合适的林下经济模式	步骤：课程介绍，集体讨论，理论培训，林下经济示范基地考察，动手实践，总结	培训对象：村民、学员
培训教师：林业技术推广员	地点：苗圃地、会议室	时间：6h	培训人数：10~20人

5.3.3 教学过程设计

时间	目的	内容	材料
30min	课前准备	学员见面，简单说明课程内容以及时间安排	无
30min	活跃气氛，小组讨论	讨论发展林下种植、林下养殖、林下产品采集加工和森林旅游的必要性，提出疑问并记录	黑板、教材、纸、笔
2h	理论学习	学习常见的林苗、林茶、林草、林粮、林菌、林药、林禽、林畜等林下经济种养模式，结合当地经济、社会、林分特点，设计合适的林下经济模式，并进行经济效益分析和风险评估	教材、纸、笔、演示文稿
2.5h	实地勘察，设计合适的林下经济模式并实践	带领学员亲临林下经济示范基地，由基地负责人员对该基地各林下经济模式设计、实施、管理等技术要点进行讲解和示范，并引导学员对自己不清楚的问题进行提问并实践	劳动工具、纸、笔
30min	总结	回答学员提问，对本单元进行总结	教材、纸、笔

○ 思考题

1. 简述当前林下经济的热点问题。
2. 简述林下种植的模式。
3. 简述林药模式。

○ 推荐阅读

1. 关于加快林下经济发展的意见，国务院办公厅，2012.
2. 林下经济资源利用，王海英，东北林业大学出版社，2017.

单元 6 森林旅游

森林旅游是可以直接利用森林或间接以森林环境为背景到森林中从事的一种旅游活动，其英语为"forest tourism"或"forest recreation（森林休憩）"。世界第一个国家公园是美国的黄石国家公园，最早提出森林旅游概念的是美国学者道格拉斯，其著有《森林旅游》。

6.1 简介

森林旅游是指在以森林为背景的郊野环境中进行游览、观光、休息、文娱、涉猎、采集等以野趣为主要活动内容的长途旅行或远足。

从 20 世纪 50 年代起，国际上就开始进行关于森林旅游、森林公园等方面的研究。英国学者布勒、日本学者田村刚等都开展了对森林美学价值方面的理论研究。20 世纪 70 年代开始，掀起了一股森林旅游的热潮，这些研究主要是期望借助开发新的模式来消除传统旅游对生态的消极影响，因此主动提出开展生态旅游的主张。

森林旅游并不仅仅指在森林公园、国家公园或风景名胜区的森林中进行游览，而是广泛地指在森林中的游憩行为。它是一种社会活动行为，因而具有社会属性。同时，在这种行为伴随着经济活动，所以也是一种经济行为，具有经济属性。发展森林旅游业是增加林业企业活力，调整产业结构、增加就业机会，积极地保护森林，实现林业的高效、持续发展的目的，提高人们对森林价值认识的一项必要措施。

根据世界旅游组织的相关统计，旅游业已经成为全世界最大的产业。例如，在拉美地区，森林旅游占整个旅游收入的 90% 以上，在德国，森林医院的年游憩者近 10 亿人次，在美国，这个数字更是高达 20 亿人次。

（1）森林旅游的出现是森林利用高级阶段的标志

森林利用的方式根据其不同的表现形式大致可以划分为以下 4 个阶段：

①原始全林利用阶段（原始阶段）　大致出现在原始氏族社会时期，人类将森林作为食物、居住的主要来源与场所。

②树干利用阶段（初级阶段）　大致在奴隶社会，以及封建社会漫长的历史时期，其标志是以森林作为燃料和建筑材料。

③全树利用阶段（中级阶段）　把森林树木用作造纸原料为主要标志。

④高级全林利用阶段（高级阶段）　21 世纪初至今，主要以森林旅游为主要标志。此时，人们对森林及其价值的认识产生飞跃，已经自觉地认识到森林是人类生存必不可少的环境。

（2）森林旅游基本项目和形式

国内外森林旅游的一些项目和内容综合起来主要有以下形式：徒步观光；野营；野炊；篝火晚会；采集与钓鱼；森林浴；科学考察与实习；滑雪；划船漂流；探险；狩猎；

登山；短期度假；森林疗养；参与和参观林业生产；品尝森林野生食品等。

（3）森林旅游资源与森林旅游产品开发

森林旅游资源是以森林资源及森林生态环境资源为主体、其他自然景观为依托、人文景观为陪衬的对旅游者能产生吸引力的各种物质和因素的总和。主要包括森林自然景观资源（林景、山景、水景、气象气候景观、古树名木、奇花异草、珍稀动植物）、森林生态环境资源（环境空气、地表水环境、天然外照射贯穿辐射剂量水平、植物精气、空气负离子、空气微生物和土壤）、人文景观资源（文物古迹、民族风情、地方文化、艺术传统）三大类。我国森林旅游经历了30多年的发展，取得了诸多成就，但在连接森林旅游产业与市场的关键——森林旅游产品开发方面，一直存在着形式雷同单一、开发层次较低、对新兴旅游方式应对不足、产品功能单一、文化挖掘尚浅、难以对接高端市场、难以适应多变的市场等问题。

（4）森林旅游对林业可持续发展的影响以及作用

①实现林业资源的持续利用　森林旅游不是直接将产品销售给客户，而是为人们提供一个愉悦身心的场所。所以，森林旅游为森林中的各种资源提供了一个休养生息的机会，这一过程有利于资源的恢复以及再生。

②减轻林业制造的负担　当下的林业主要由公益林和林业制造两部分组成，其中林业制造主要是通过各种方式制造出符合社会需要的商品，以此获取经济效益，其所获得的收入将用于公益林的日常维护和商品制造林的再次种植，既可以获取经济利益，同时对整体的生态环境起到良好的保护作用。

③提高人们保护生态的意识　生态系统应采取开放化和系统化的发展模式，使更多人能够接触生态系统，同时能获取有关的知识，以此加强对林业的保护意识，利用公众的力量采取最有效的保护措施，使其走上可持续发展的道路。

6.2　技术指南

（1）森林旅游资源的开发及保护策略

①生态优先，因地制宜。
②政府主导，科学规划。
③突出特色，生态文明。
④开发技术，培养人才。

（2）森林旅游开发模式

①强化对森林生态景区的保护　持续推进生态公益林的保护工作，提升生态公益林林分质量和生态功能，恢复和重建森林生态系统。

②创新规划和经营理念　创新型的生态旅游理念侧重于环境规划和设计上对景区旅游用地进行合理的规划。将整个景区森林旅游的设计和规划重点放在保护森林动植物资源以及生态环境的完整性之上，并从整个森林生态圈内划定非建设区域，在此之外进行景区建设和旅游规划。

③强化野生动植物保护及自然保护区建设　统筹制定和实施自然保护区发展规划，加强现有自然保护区特别是省级自然保护区的基础设施及能力建设，开展自然保护区规范化建设，提高自然保护区管理质量。

④保护名木古树，打造品牌标杆　给古树名木挂牌，进行评选，开展古树公园的建造工作，不仅通过加大宣传提升了森林资源保护在全社会中的认识程度，也强化了对古树名木保护监管力度。

（3）我国森林旅游的可持续发展策略

我国目前发展森林旅游的主要形式是以建立森林公园、风景名胜区、植物园以及在自然保护区开辟旅游小区为主，其中，森林公园是主体。我国森林旅游大多脱胎于林场系统，最常见的操作手法是在原林场的基础上组建森林公园，由林场作为投资主体进行基本的旅游开发。我国的森林旅游呈现两种主要的发展态势：一种是总体上处于粗放观光开发阶段，全国有数以千计的森林公园资产尚未开发，购票游客量徘徊于10万以下，急需提升策划与商业运营；另一种是极少数资源突出的森林项目（如张家界），观光客群庞大稳固，且开始由景区向旅游区乃至目的地进行升级，初步形成了多元森林旅游产业格局。

对已遭破坏的森林，应积极采取植树造林等生态建设措施，加强幼林抚育和森林经营，尽快恢复森林环境，恢复森林生态系统多样性、物种多样性和遗传多样性。禁止乱砍滥伐，加强病虫害防治，加强森林火险预测预报，加强抚育管理，提高森林经营水平，维护森林生态系统平衡。

对已开发旅游的游憩保健林，应在森林经营过程中，通过择伐等措施，适当进行树种更替，增加植物精气成分多、相对含量高的保健树种和形态优美、色彩丰富的观赏树种的比例；增加针阔叶混交林和阔叶混交林的比例，充分发挥森林的保健功能，提高森林的抗逆性。

6.3　教学指南

6.3.1　教学方法说明

（1）教学方式

探究式教育、启发式教育、体验式教育。

（2）室内培训

让学员分享和介绍家乡生态旅游的案例，然后分析特点、展开讨论，总结归纳其中的共性与差异。

（3）实地培训

开展景区实地体验，让学员在景区中了解森林旅游与可持续发展的关系。

6.3.2　教学练习总结

简介：本教学重点阐述森林旅游与可持续发展相关内容	目标：了解森林旅游的概念和特点；熟悉森林旅游的国内外发展状况；旅游开发与可持续发展的关系	步骤：观察森林旅游景区中存在的与可持续发展相违背的表现形式，实地记录观察。分组讨论要取得发展与环保的双赢局面应该在哪些方面如何展开行动，感受森林环境，明确森林旅游的意义	培训对象：乡林业技术员
培训教师：林业技术员	地点：教室，森林旅游景区	时间：1d	培训人数：15~30 人

6.3.3　教学过程设计

时间	目的	内容及程序	材料
15min	分组	与学员见面，自我介绍，相互介绍，让大家互相认识；讲述该培训项目及其时间的安排，为什么要进行该项培训，介绍课程目标	无
4~5h	认识森林	在教室诵读经典的描写景色的语句，感受自然之美；实地游览景区，体验森林之美	纸、笔、演示文稿
1h	体验森林	深入景区组织开展体育活动，感受森林中的负氧离子和植物精气	无
45min	分组总结实现可持续发展的实习	结合实地看到的森林旅游中存在的环保问题进行综合讨论，探讨森林旅游开发中存在的各种与生态环保相违背的问题，将其通过演示文稿的形式展示出来	纸、笔、演示文稿

◎ 思考题

1. 什么是森林旅游？
2. 简述森林旅游的形式。
3. 试述森林旅游对林业发展的影响。
4. 试述森林旅游开发的模式。

◎ 推荐阅读

1. 森林生态旅游资源开发与保护的探讨，张珍才，低碳世界，2020(1).
2. 森林生态旅游资源的开发及保护思考，董志福，内蒙古林业，2020(2).
3. 森林生态旅游对林业可持续发展的贡献研究，张志艳，山西农经，2019(7).
4. 森林生态旅游开发与营建模式的探讨，李汉，绿色科技，2016(11).

单元1　生物多样性保护

各种生物之间相互关联、相互依存，具有重要的生态功能。森林生物多样性作为地球自然生态环境的重要组成部分，一直以来都是人类社会赖以生存和发展的基础，因此森林生物多样性资源可持续利用也被视为可持续发展理论的延伸。

1.1　简介

1992年，《生物多样性公约》的通过标志着全世界范围内的自然保护工作进入一个新的阶段，从以往对珍稀濒危物种的保护转入对生物多样性的保护。

生物多样性是指所有来源的活的生物体中的变异性，这些变异性的来源包括陆地、海洋和其他水生生态系统及其所构成的生态综合体等，包含物种内部、物种之间和生态系统的多样性。生物多样性是人类赖以生存的条件，是社会经济可持续发展的战略资源，是生态安全和粮食安全的重要保障。

生物多样性与人类的生活息息相关，人类的衣食住行离不开各种生物。各种生物相互联系，相互依存。中国生物多样性保护存在的主要问题是，生物多样性下降的总体趋势尚未得到有效遏制，保护形势依然严峻。截至2015年，34 450种野生高等植物中，属于灭绝等级的有52种；受威胁物种有3767种，占评估物种总数的10.9%；特有物种17 700种，受威胁率为13.9%。人类活动导致的生境丧失和退化以及资源的过度利用是物种濒危灭绝的主要原因。

（1）生物多样性保护的意义

①生物遗传多样性为人类提供了大量的基因资源。

②生物多样性在大气层成分、地球表面温度、地表沉积层氧化还原电位以及pH值等方面的调控发挥着重要作用。

③生物多样性在保持土壤肥力、保证水质以及调节气候等方面发挥了重要作用。

（2）生物多样性保护措施

生物多样性保护是一项系统工程，需要各方面共同努力，分步推进，久久为功。

①建立健全法律法规制度，提高执法监管能力　将遵守生命伦理原则和维护生物安全

增设为基本原则，尽快修法、立法，扩大生物多样性保护的范围，制定饲养、繁育、运输、出售、购买等环节的制度。

②提升全民生态文明意识　加大生物多样性知识科普宣传，正确引导公众良好的生活习惯和生活方式，强化尊重自然、保护动物的生态文明意识。

③加大支持力度，拓宽融资渠道　在加大国际保护支持力度方面，推动全球加大生物多样性保护投入。

1.2　技术指南

生物多样性保护教育的首要任务是将分散的知识点系统化、条理化，让学员能够由点向面转化，清晰了解生物多样性保护知识的脉络结构。

通过分析，生物多样性保护的主题一般包括以下几个方面：

①什么是生物多样性？（分为物种多样性、遗传多样性和生态系统多样性）

②生物多样性为什么很重要？（生物多样性的价值分类、价值评估方法）

③生物多样性的现状如何？（目前面临的威胁与挑战）

④如何才能保护生物多样性？（就地保护，迁地保护，公众教育与知识传播）

⑤我们能够为生物多样性保护做些什么？（结合本地的实际情况从特点、面临的威胁、保护现状多方面阐述）

（1）野生动物保护措施

森林经营活动中，保护野生动物的主要措施包括：树冠上有鸟巢的树木，应作为辅助木保留；树干上有动物巢穴、隐蔽地的树木，应予保留；保护野生动物的栖息地和动物廊道。

（2）野生植物保护措施

森林经营活动中，保护野生植物的主要措施包括：保留国家或地方重点保护树种，或列入珍稀濒危植物名录的树种；保留在针叶纯林中的当地乡土树种；保留国家或地方重点保护的植物种类；保留有观赏价值或食用药用价值的植物种类；保留利用价值不大但不影响林分卫生条件和目标树生长的林木。

（3）生物多样性监测技术体系

①遥感技术　遥感技术在生物多样性监测中，具有数据更新及时、有规律，具备系统性、重复性和监测尺度大等优势，应将遥感技术作为重点监测技术手段，充分应用卫星、航空遥感和无人机遥感技术，利用卫星、航空遥感对景观和森林生态系统进行监测，利用无人机遥感技术对动植物开展精细化监测。

②固定样地监测　建立固定样地监测网络时，应根据保护区的面积确定样地的数量，样地植物群落应具备充分的代表性和典型性，群落必须具有一定的成熟度。

③物联网监测　建设物联网监测网络，应综合应用各种数字化智能传感器、激光雷达、互联互动、微波以及移动通信技术等，建设自然保护区定位监测网络。对自然保护区各类气象因子、土壤理化因子、二氧化碳浓度、空气质量因子、植物矿质成分等生态关键

指标进行监测。

④红外相机监测　该技术能够有效地调查野生动物的种类、种群密度、种群数量、分布、活动规律和栖息地等数据，是野生动物保护管理的重要参考资料。应根据自身野生动物的分布特点，制定科学的红外相机监测方案，合理布设红外相机的位置和数量。

⑤样线、样点监测　样线(带)和样点调查法是传统手段。样线(带)法和样点调查法适用于监测中兽类、鸟类、两栖爬行类和昆虫等各类动物类群。应按照统计学的要求合理布设样线(带)和样点，样线(带)应覆盖被监测物种在保护区的主要分布生境；样线(带)、样点间应相对独立。

1.3　教学指南

1.3.1　教学方法说明

（1）教学方式

探究式教育、启发式教育和体验式教育。

（2）室内培训

以教材知识模块为依据，从多角度、多层次对生物多样性保护与生命的价值进行探讨，通过动手制作生命金字塔，有效地激发学员的求知欲和研究热情。

（3）实地培训

开展典型样地中优势树种的林中和林缘幼苗更新情况调查，对比两种情况下的差异，并分析原因。

1.3.2　教学练习总结

简介：本教学重点阐述生物多样性的基础知识框架	目标：明确生物多样性的意义；了解生物多样性的分类及重要性	步骤：观察森林中生物多样性的表现形式，实地记录观察；阐述生物多样性的层次与意义，对生物多样性的价值进行评估	培训对象：乡林业技术员
培训教师：林业技术员	地点：教室，森林	时间：1d	培训人数：15~30人

1.3.3　教学过程设计

时间	目的	内容及程序	材料
15min	分组	与学员见面，自我介绍，相互介绍，让大家互相认识；讲述该培训项目及其时间的安排，以及为什么要进行该项培训，介绍课程目标	无
45min	熟悉身边的生物多样性	对生物多样性的表现形式进行头脑风暴，集思广益，向学员列举生物多样性在我们生活中的表现形式，将其通过演示文稿的形式展示出来	演示文稿，黑板

（续）

时间	目的	内容及程序	材料
45min	构建生物多样性基本知识框架	讲述生物多样性的基本特点、分类、价值以及面临的威胁，分发培训资料	纸和笔
4~5h	生物多样性实习	生物多样性综合调查	纸和笔

○ 思考题

1. 简述生物多样性的含义，保护生物多样性的意义。

2. 简述生物多样性保护的措施。

3. 试述森林经营时如何进行生物多样性保护。

4. 简述生物多样性监测技术。

○ 推荐阅读

1. 森林抚育规程(GB/T 15781—1995)。

2. 森林生态系统类型自然保护区生物多样性监测体系构建探索，张媛，林业资源管理，2018(3)。

3. 森林生态系统生物多样性监测与评估规范标准(LY/T 2241—2014)。

单元2　森林防火

森林作为陆地生态系统的主体，是地球上最重要的资源之一，是生物多样性的基础，不仅为生产生活提供多种木材和原材料，更是在调节气候、保持水土、防止自然灾害等方面发挥着不可替代的作用。然而森林往往面临着各种灾害，如乱砍滥伐、林业有害生物、自然灾害等，在危害森林健康的诸多因子中，又以火灾危害最为严重。一场森林火灾足以将几代林业人的辛劳付之一炬，造成不可挽回的损失，其是森林最危险的敌人，也是林业最可怕的灾害，它会给森林带来毁灭性的后果。为此，必须了解森林火灾的发生发展机理，掌握森林防火的有关知识，在生产实践中做好森林防火工作，有效控制森林火灾发生，降低火灾损失。

2.1　简介

森林火灾，是指失去人为控制，在林地内自由蔓延和扩展，对森林、森林生态系统和人类带来一定危害和损失的森林起火。森林火灾是一种突发性强、破坏性大、处置救助较为困难的自然灾害。森林防火是指森林、林木和林地火灾的预防和扑救。森林火灾是林业三大灾害之一，一旦发生火灾，不仅会导致森林资源遭到破坏、生态平衡失调、生态环境恶化，而且关系到林区的社会稳定和林农的切身利益。因此，做好森林防火工作，具有十分重大的意义。

2.1.1 森林火灾的特点

①森林火灾发生在开放的森林生态系统内，受环境因素影响，其发生和发展过程具有复杂性、多变性和不确定性，这也导致了森林火灾的难控制性。

②森林火灾是移动式燃烧。可燃物被点燃后，火势向四周扩展形成火场。可燃物从着火、蔓延扩展直至熄灭，所表现出的特征称为火行为，对火行为的研究在林火管理及森林火灾扑救中起到重要作用。

③森林火灾的燃料是固体有机质，其燃烧过程中吸热和放热交替出现。可燃物燃烧前需蒸发所含水分，吸收热量分解生成少量挥发性可燃气体；可燃物被点燃后开始释放热量维持燃烧进行，此为放热阶段，表现为气体燃烧和木炭燃烧两种方式，气体燃烧对森林火灾的蔓延和发展有重要的促进作用。

④森林火灾是一个迅速释放能量的过程，能将森林植物所贮存的化学能在短时间内迅速释放，因此燃烧能量大，对环境产生巨大影响。

2.1.2 森林火场的特征

森林火场周边的火焰一般呈条带状连续分布，并向四周跳跃推进，称为火线。火场内部则零星分布着继续燃烧的明火或暗火，以及未燃尽的可燃物。林火蔓延本质上就是火线的运动，火线成为森林火场中燃烧最剧烈、最活跃的部位，也是控制和扑救森林火灾的关键。

森林火场有火头、火翼、火尾之分。如图 5-2-1 所示，a 为火头，是火扩展蔓延最快的部位，蔓延方向和风向一致；b 为火尾，火势较弱、蔓延较慢，且方向与风向相反；c 为火翼，火势强弱和蔓延速度介于火头和火尾之间，火前进方向与风向近于垂直。风、地形和可燃物是影响森林火场形状最主要的因素。自然条件下火场形状往往很不规则，火头经常变化(图 5-2-2)。因此，在扑火时应密切注意林火蔓延的方向及速度，根据其变化及时调整扑火方案。

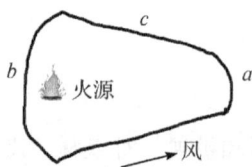

图 5-2-1 森林火场模型示意

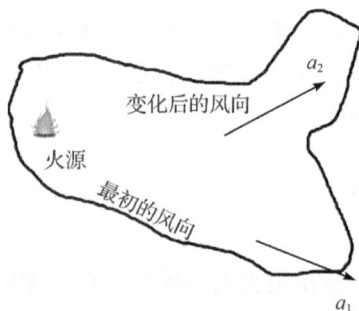

图 5-2-2 现实森林火场示意

2.1.3 森林火灾的分级与分类

(1)按照受害面和伤亡人数划分

根据 2008 年修订颁布的《中华人民共和国森林防火条例》，按照受害面积和伤亡人数，森林火灾分为4级，包括一般森林火灾、较大森林火灾、重大森林火灾和特别重大森林火灾。

①一般森林火灾　受害森林面积在1hm²以下或者其他林地起火的，或者死亡1人以上3人以下的，或者重伤1人以上10人以下的。

②较大森林火灾　受害森林面积在1hm²以上100hm²以下的，或者死亡3人以上10人以下的，或者重伤10人以上50人以下的。

③重大森林火灾　受害森林面积在100hm²以上1000hm²以下的，或者死亡10人以上30人以下的，或者重伤50人以上100人以下的。

④特别重大森林火灾　受害森林面积在1000hm²以上的。或者死亡30人以上的，或者重伤100人以上的。

（2）按照燃烧部位、蔓延速度和危害程度划分

根据我国2008年修订颁布的《中华人民共和国森林防火条例》，按照其燃烧部位、蔓延速度和危害程度，森林火灾可分为地表火、树冠火和地下火3类。

①地表火　最常见的一种林火，是指火从地表面地被物以及近地面根系、幼树、树干下皮层开始燃烧，并沿地表面蔓延的火灾。按其蔓延速度，又可分为速进地表火和稳进地表火。

速进地表火：是在大风或坡度较大情况下形成的，蔓延速度快，跳跃式燃烧，往往燃烧不均匀，常常烧成"花脸"。

稳进地表火：一般在风速较小或坡度较缓情况下形成，蔓延速度缓慢，火势强，能烧毁所有地被物，有时连乔木低层枝条也被烧毁，燃烧时间长，温度高，燃烧彻底，对森林危害严重。

②树冠火　树冠火是指地表火遇强风或遇到针叶幼树群、枯立木或低垂树枝，烧至树冠，并沿树冠顺风扩展。按蔓延速度可分为速进树冠火和稳进树冠火。

速进树冠火：又称狂燃火，在强风的推进下形成，火焰向前伸展，烧毁树冠的枝条，烧焦树皮使树木枯死。

稳进树冠火：又称遍燃火，火焰全面扩展，林木上下烧成一片，火势移动较慢。这种火可烧毁树冠大枝条，烧着林内的枯立木，是危害程度最严重的森林火灾。

③地下火　地下火一般容易发生在干旱季节的针叶林内，火在林内根系土壤表层有机质及泥炭层燃烧。蔓延速度慢，温度高，持续时间长，破坏力极强。经过地下火的乔木、灌木的根部被烧坏，大量树木枯倒。

2.1.4　森林火灾的影响因素

（1）可燃物

植物体内含水量对火灾的发生及火势蔓延速度具有重要影响，而植物体本身的含水量大小与其自身理化性质、生态学特征以及气象条件密切相关；其次，林分结构和植被群落特征对火灾的发生发展也有着重要影响，如同龄林或纯林抵御火灾的能力弱于异龄林或混交林。

（2）气候气象因素

气候条件是火灾发生区域和发生阶段的决定因素。不同气候区域森林火灾出现的季节不同，且对某一特定气候区域来说，火灾季节相对稳定。影响森林火灾的气象因素主要包括气温、空气湿度、风。气温的升高使可燃物本身的温度也升高，使可燃物易点燃。空气湿度的大小直接影响可燃物的水分蒸发，当空气湿度较低时，可燃物失水多，易发生火灾。风能够改变林区内的热对流，增加热平流，从而加速火势蔓延，而且风能够向林内补充氧气，促进可燃物的燃烧。另外，风还能够将燃烧物带至火场外部，产生新的火源，甚至导致多处火势连成片，大大增加受灾面积，因此，风是造成火灾损失的主要因子。

（3）火源

引起森林火灾的火源共分为两大类：天然火源和人为火源。天然火源主要包括火山爆发、陨石降落、泥炭自燃、雷击火等；人为火源包括烧荒、烧灰积肥等生产性火源以及野外吸烟、上坟烧纸等非生产性火源。据研究，目前全国引起森林火灾的原因中人为因素占98%以上，人为火源是森林火灾的主要诱导因素，加强对人为火源的管理是降低火灾发生率的主要措施。

（4）地形因素

地形对局地气象条件产生影响。如坡向，通常北半球北坡林中空气、土壤湿度比南坡大，植物体内含水量也高，不易发生火灾。如坡度，坡度大，一般降水径流量大，林中较干燥，所以坡度大的山坡易发生火灾。如山区，一般地形条件复杂，不利于火灾扑救，处理不当容易使小火蔓延，酿成重大和特大火灾。

（5）林区管理

首先，管理措施和力度不够，导致植被结构不合理，生态系统缺乏层次性。植被群落稳定的林区，人为点燃植被都比较困难，相反，林分单一的单纯林或同龄林区，其抗灾能力一般较差，一根烟头就有可能引发严重的大火。其次，不懂得用火来有效地管理森林。火具有破坏性和生态性双重属性，火能烧毁大面积的森林，淘汰许多物种，但有计划的火烧却能给森林带来好处，发挥有益的作用。适当火烧能够清除地表枯枝落叶、森林杂乱物或采伐剩余物，减少火灾隐患，而且可使未腐化的引火物变为林木、草类生长发育所需的养分，促进土壤中营养元素的良性循环，促进森林的更新、演替。另外，火情出现后，扑救工作不能及时有效地组织，以致小火酿成大火，造成巨大的财产损失和人员伤亡。

2.2 技术指南

2.2.1 森林防火基本原则

（1）预防为主

要把森林火灾预防工作放在首要位置。加强宣传教育，提高全民森林防火意识；加强预警监测，完善分级预警模式和响应机制；加强护林队伍建设，创新森林资源管护机制；

加大林火阻隔系统建设力度，提升防范森林大火的能力。

（2）科学扑救

扑救过程中坚持以人为本、科学扑救，把保障林区广大人民群众和一线扑火人员生命安全放在第一位；提高组织指挥、扑火队伍和扑火装备专业化水平，提升空中灭火、以水灭火、机械化灭火能力；精心组织，科学指挥，减少森林火灾造成的人员伤亡和财产损失。

（3）分区施策

根据森林火险区划等级、森林资源分布状况和森林火灾发生情况，合理划分治理区域，对不同区域采取针对性治理措施。突出重点，对重点治理区域加大投入力度，提升重点区域森林火灾防控能力，确保森林资源安全。

（4）标本兼治

全面加强森林防火基础设施和装备能力建设，突出森林防火应急道路、生物阻隔带等基础性、长远性工程建设；落实责任制度，加强队伍建设，健全经费保障机制，完善科学防火，加大依法治火，建立健全长效机制，坚持标本兼治，确保森林防火工作的可持续发展。

（5）科技优先

充分发挥科技引领作用，积极开发、引进、推广先进实用的防扑火设备和技术；充分利用信息化手段，加强预警监测、森林防火通信和信息指挥能力建设，构建森林防火信息化体系，大幅提升森林防火信息感知、信息传输、信息处理和信息应用4种能力，不断提高森林防火科技含量。

2.2.2　森林火灾预报技术

森林火灾预测技术对森林防火起到了非常重要的作用。灾前，可通过对当地森林环境温度、湿度、风速等自然因素做出判断，确定森林火灾风险程度。如果相对湿度较低，风速相对较大，那么，消防队员应随时待命。火灾发生后，可以依据火灾的位置、发生的程度、蔓延情况等，对火灾的爆炸能量进行一定的预测和预防，这对指导灭火工作具有重要意义。

常用的火灾预报方法为全国森林火险等级预报法，具体做法为根据最高气温、最小相对湿度、降水量及其后的连续无雨日、最大风力、生物及非生物物候季节5项因子和指数来划定森林火险等级。计算公式如下：

$$HTZ = A+B+C+D-E \tag{5-1}$$

式中　HTZ——森林火险天气总指数；

　　　A——最高气温的森林火险天气指数；

　　　B——最小相对湿度的森林火险天气指数；

　　　C——降水量及其后的连续无雨日数的森林火险天气指数；

　　　D——最大风力等级的森林火险天气指数；

　　　E——生物及非生物物候季节的影响的订正指数。

计算得到的全国森林火险天气等级共分5级，由各级气象预报部门和林草部门向社会进行发布。火险等级的确定及 A、B、C、D 值可根据表 5-2-1 至表 5-2-5 查得。

表 5-2-1　全国森林火险等级标准查对表

森林火险 天气等级	危险程度	易燃程度	蔓延程度	森林火险 天气指数 HTZ
一	无	不燃烧	不蔓延	≤25
二	低度	难燃烧	难蔓延	26~50
三	中度	能燃烧	能蔓延	51~72
四	高度	易燃烧	易蔓延	73~90
五	极度	极易燃烧	极易蔓延	≥91

表 5-2-2　最高气温的森林火险天气指数 A 值查对表

空气温度等级	最高空气温度（℃）	森林火险天气指数 A 值
一	≤5.0	0
二	5.1~10.0	4
三	10.1~15.0	8
四	15.1~20.0	12
五	20.1~25.0	16
六	≥25.1	20

表 5-2-3　最小相对湿度的森林火险天气指数 B 值查对表

相对湿度等级	最小相对湿度(％)	森林火险天气指数 B 值
一	≥71	0
二	61~70	4
三	51~60	8
四	41~50	12
五	31~40	16
六	≤30	20

表 5-2-4　降水日及其后的连续无雨日数的森林火险天气指数 C 值查对表

降水量 （mm）	降水日及其后的连续无雨日数的森林火险天气指数 C 值										
	当日	1 日	2 日	3 日	4 日	5 日	6 日	7 日	8 日	9 日	10 日
0.3~2.0	10	15	20	25	30	35	40	45	50	50	50
2.0~5.0	5	10	15	20	25	30	35	40	45	50	50
5.0~10.0	0	5	10	15	20	25	30	35	40	45	50
≥10.0	0	0	5	10	15	20	25	30	35	40	45

表 5-2-5　最大风力等级的森林火险天气指数 *D* 值查对表

风力等级	距地面10m 高处风速（m/s）		地面征象	森林火险天气指数 *D* 值
	范围	中数		
0	0~0.2	0	静，烟直上	0
1	0.3~1.5	1	烟表示风向，风标不能转动	5
2	1.6~3.3	2	人面感觉有风，树叶微响，风标不能转动	10
3	3.4~5.4	4	树叶及微枝摇动不息，旗能展开，水面有微波	15
4	5.5~7.9	7	有叶小枝摇动，能吹起尘土和纸片	20
5	8.0~10.7	9	小树枝摇摆，高的草波浪起伏明显	25
6	10.8~13.8	12	大树枝摇动，举伞困难	30
7	13.9~17.1	16	全树摇动，迎风步行感觉不便	35
8	17.2~20.7	19	微枝折毁，迎风步行感觉阻力甚大	40

森林火灾预报的方法还有很多，但各种方法都有一定的局限性。本单元介绍的预报方法属于森林火险天气等级预报，适用于大范围森林火灾预报，若需针对某处小范围森林进行预报，则更多考虑森林火灾影响因子，如气象、地形、可燃物状况等，以提高预报的准确性和针对性。

2.2.3　森林火灾监测技术

通过对森林火灾进行监测，能够及时发现火情，掌握火灾扩展、蔓延的方向，为控制和扑灭火情提供准确信息。森林火灾监测包括地面巡护、瞭望台监测、航空巡护和林火监测新技术 4 种形式，各种形式无法独立完成监测工作，必须相互结合，构成立体的、全方位的森林火灾监测系统，才能对火情做出有效的实时监测。

（1）地面巡护

地面巡护是护林员、森林警察等防火专业人员通过步行或乘坐交通工具按一定的线路对林区、森林进行的巡查。

（2）瞭望台监测

瞭望台监测是在地面制高点位置建立瞭望台（塔），对森林火情进行观测和报警、对火点位置加以确定的监测方法。

（3）航空巡护

航空巡护是通过飞机按一定的线路对林区、森林进行巡查，对火情进行监测和汇报的监测方法。

（4）林火监测新技术

①卫星探火　航天技术的发展为林火监测提供了新的手段，卫星飞行轨道高，能够全天候实时监测，为探索火源位置、确定火场边界、测定火灾面积提供新方法。在卫星上加载灵敏度极高的火灾天气自然观察仪，对风向、风速、温度、湿度、土壤含水量等关键因

子加以测定，通过计算机对测定数据进行分析得出火险区域，及时通知主管单位。

②微波探火　将微波辐射接收仪安装在飞机上，根据飞行过程中所接收的微波强度和波长来确定林火的存在、火场大小和对林火进行定位。

③视频监控探火　森林防火视频监测系统包括前端图像采集系统、信号传输系统和中心控制系统。森林防火视频监控系统不仅能够对火灾实时监控，还能提供准确信息，以确保火灾扑救工作的顺利进行。

④地波雷达探火　通过可燃物燃烧产生的火焰的电离特性，用高频地波雷达探测林火的一种方法。

2.2.4　森林防火阻隔技术

通过人为或自然障碍物对林火加以阻隔，达到控制林火蔓延的目的。主要阻隔技术有防火线、防火林带和营林防火措施。

（1）防火线

利用现有道路、河流、湖泊、天然或人工障碍物形成防火线，起到阻隔林火的作用。防火线的开设方法主要有机耕法（通过拖拉机带犁铧耕翻生土带）、割打法（利用镰刀、锄头等工具清除杂草、灌木等易燃物质）、火烧法（可燃物较多的区域进行计划烧除后形成天然的防火隔离带）等。

（2）防火林带

防火林带是选择抗火性强、适宜本地生长的树种，通过人工营造、现有林改造等方法设置的阻止林火蔓延的林带。

（3）营林防火措施

营林防火措施是指在森林抚育时，通过造林、抚育、采伐等措施，调节林分易燃成分，调整林分结构，增加林分抗火性能的绿色防火措施。

①计划火烧技术　通过计划火烧开设防火线、清理采伐剩余物、烧除林区易燃成分，降低森林火灾风险。另外，在森林火灾扑救时也能够采用以火攻火的方式来扑灭火灾。

②森林防灭火行政管理措施　行政管理措施包括各级森林防灭火指挥部，森林防灭联防组织，航空护林站的建设，森林警察部队、林区派出所、专业护林队伍建设等。通过森林防火宣传教育、火源管理等措施，强化对森林防火工作的管理。

2.2.5　森林火灾扑救技术

①扑救原则　打早、打小、打了。

②扑火战略　划分战略灭火地带；牺牲局部保存全局；抓住时机速战速决。

③准备工作　组织专业扑火队伍，根据林区特点及火灾特点制定扑火预案，储备必备的防火物资等。

④扑救程序　组织根据扑火预案制订详细的扑火计划，调集扑火力量和物资；封锁火头、控制火势，扑灭明火，此阶段是森林火灾扑救最关键、最紧迫的阶段；明火扑灭后，立即清理余火；留置人员看守火场，防止复燃。

⑤灭火方法　包括扑打法、土灭火法、水灭火法、化学灭火法、爆炸灭火法、以火灭

火法、航空灭火法和清理火场法。各种灭火方法既可独立运用，也能组合使用，最终目的是彻底扑灭火灾，减少人员伤亡和财产损失。

2.3 教学指南

2.3.1 教学方法说明

通过理论学习和实践活动，熟悉森林火灾的特点、火场特征、森林火灾的类型、影响森林火灾的因素，掌握森林火灾的预报、监测技术，以及森林防火阻隔技术和行政管理措施等，了解与森林火灾扑救有关的知识，将防火意识深植学生内心。

完成理论教学任务之后，带领学生就近访问林场或森林公园等林区，实地参观各种防火设施，听取工作人员对目前林区防火工作的介绍，了解各环节运转情况，结合所学理论对目前林区防火工作的优缺点做出评价，待返校后开展小组讨论或提交实习报告。

（1）理论学习

向学生展示两幅照片，分别为完整的森林图片和遭受火灾之后的森林状况，引起学生的兴趣和对森林火灾的警惕，为后续的课程讲解打下基础。请学生讲述身边发生或自己了解的森林火灾，从实例出发归纳总结森林火灾的特点。请学生提出常见的引起森林火灾的原因，要求尽可能多地列举原因，根据造成森林火灾的不同原因，讲述森林火灾的不同级别和类型，以及影响因素等。在对森林火灾有初步了解后请学生列举常见的森林防火标语，活跃课堂气氛，之后开始讲述森林防火的相关知识。理论知识讲解之后需要向学生强调，若发生森林火灾，必须听从专业人员指挥，服从安排，做好个人防护，在保证个人安全的前提下投入灭火工作。

（2）实践过程

在学生进入林区实习之前与相关负责人对接，委托林区工作人员安排好路线，尽可能多地涉及各种设施和各环节的知识。实习以参观学习为主，到达林区后由林区负责人员对该林区进行简要介绍，对森林防火知识在实践中的运用进行讲解。由巡护人员带领大家按照日常巡护路线行进，每到一处防火设施，讲解其作用或设置的方法，如防火线、生物防火林带、瞭望塔、视频监测系统等，每位学生实际观察和操作各种设备，提高感性认识。

（3）归纳总结

待返校后分小组讨论或者提交实习报告，内容包括对森林防火工作的认识，指出林区防火工作的优缺点，分析原因，针对问题提出建议。

2.3.2 教学练习总结

简介：本教学重点阐述森林火灾的分级及影响因素，以及火灾阻隔和扑救技术	目标：在培训结束时，学员应该掌握森林火灾的分级、火灾监测技术、阻隔技术和补救技术	步骤：先给学员观看有关视频和新闻，了解森林火灾的特点；然后讲解火灾的类型和分级，最后介绍如何进行森林火灾的预防和扑救	培训对象：乡林业技术员
培训教师：林业技术员	地点：教室，森林	时间：1d	培训人数：15~30人

2.3.3 教学过程设计

时间	目的	内容及程序	材料
15min	分组	与学员见面，自我介绍，相互介绍，让大家互相认识；讲述该培训项目及其时间安排，以及为什么要进行该项培训，介绍课程目标	无
45min	认识森林火灾	通过观看森林火灾有关纪录片，让学员初步认识其危害，进而讲解森林火场的特点	演示文稿，黑板
45min	了解森林火灾的分级和分类	讲述森林火灾的分级和分类，了解不同级别森林火灾的特点	演示文稿，黑板
45min	掌握森林防火技术	理论讲授森林火灾的预防、阻隔、扑救技术，让学员掌握森林防火实用技术	演示文稿，黑板
2h	森林火灾迹地实地考察	带领学员走进森林火灾物联网中心、瞭望台，实地感受森林防火的职业氛围；走进森林火灾迹地进行讨论	交通工具
45min	学员考核	学员总结交流森林防火知识及注意事项	纸和笔

◯ 思考题

1. 简述森林火灾的特点。
2. 简述森林火灾的分级与分类。
3. 简述森林火灾的影响因素。
4. 简述森林防火阻隔技术。
5. 简述森林火灾扑救技术。

◯ 推荐阅读

1. 森林防火，刘发林，中国林业出版社，2018.
2. 森林防火，徐毅，中国林业出版社，2017.
3. 全国森林火险天气等级（LY/T 1172—1995）.

单元3 森林有害生物防治

我国森林资源林业产业丰富，随着国民经济和社会发展的需求，森林资源林业产业已经步入高速发展的快车道。但是由于森林有害生物的多样性、环境条件的复杂性，森林有害生物的种类繁多，危害严重，经济损失大。森林有害生物灾害又被称为"无烟的森林火灾"，在林业森林生产经营过程中，育苗、造林、抚育、成林管护等各个环节都有可能遭受有害生物的危害，造成巨大经济损失。因此，在当前民生林业、生态林业、建设美丽中国的总体思路下，如何开展林业森林有害生物防治，实施可持续治理策略是林业生产经营活动中一项十分重要的技术措施。

3.1 简介

本节重点介绍森林常见蛀干害虫天牛、食叶害虫马尾松毛虫、地下害虫白蚁的识别、防治方法，以及如何根据有害生物综合防治的概念制订相应的防治计划和防治措施。

3.1.1　蛀干害虫

天牛是我国目前发生面积最大的蛀干害虫，其主要虫期在树木组织中度过，能以咀嚼式口器取食韧皮部、木质部和形成层，并蛀食成虫道，破坏树木养分、水分的疏导和分生组织，轻则使树势衰弱，重则整株死亡。天牛受气候变化影响小，天敌种类少且寄生率、捕食率低，因而存活率高，种群相对稳定。其为"次期性害虫"，危害长势弱或濒临死亡的植物，以幼虫钻蛀树干，被称为"心腹之患"，防治难度很大，是一类最具毁灭性的林木害虫。

（1）桑天牛

①虫体特征

成虫：体长36~46mm，体密被青棕色或棕黄色绒毛，前胸背板前后横沟间有不规则的横皱或横脊，侧刺突粗壮，鞘翅基部密布黑色光亮的颗粒状突起，占全翅的1/4~1/3。

幼虫：体乳白，老熟幼虫长60mm，头黄褐色，大部缩在前胸内，前胸背板上密生黄褐色刚毛，前胸背板后半部密生赤褐色颗粒状小点，并有一对"小"字形凹纹（或三对尖叶状凹陷），凹纹内无颗粒突起。

卵：长椭圆形，长5~7mm。稍弯曲，乳白色或黄白色。

②生态学特性　桑天牛危害榆、柳、杨、刺槐、桑、构、油桐、枫杨等，桑科植物受害最重。成虫食害嫩枝皮和叶；幼虫于枝干的皮下和木质部内，向下蛀食，隧道通直干茎，隔一定距离向外蛀一通气排粪屑孔，排出大量粪屑，粪渣打火石状。其分布在北京、天津、广东、广西、湖南、湖北、江苏、安徽、浙江、福建、四川、江西、台湾、山西、陕西等地。桑天牛在北方2~3年1代，广东1年1代；以幼虫在枝干内越冬，北方幼虫经过2或3个冬天，翌年春天恢复活动，于6~7月老熟，在隧道内两端填塞木屑筑蛹室化蛹，7~8月为成虫发生期，经10~15d开始产卵，卵约2周孵化。孵化的幼虫在枝内向下蛀食，成直的孔道，先向枝条上蛀食约10mm，然后掉头向下蛀食，并逐渐深入心材，每隔一段距离，即向外蛀一排泄孔，排出淡黄色木屑状的排泄物，老熟幼虫以木屑填塞孔道两端，在其中化蛹，蛹经20d左右羽化。成虫有趋光性（图5-3-1）。

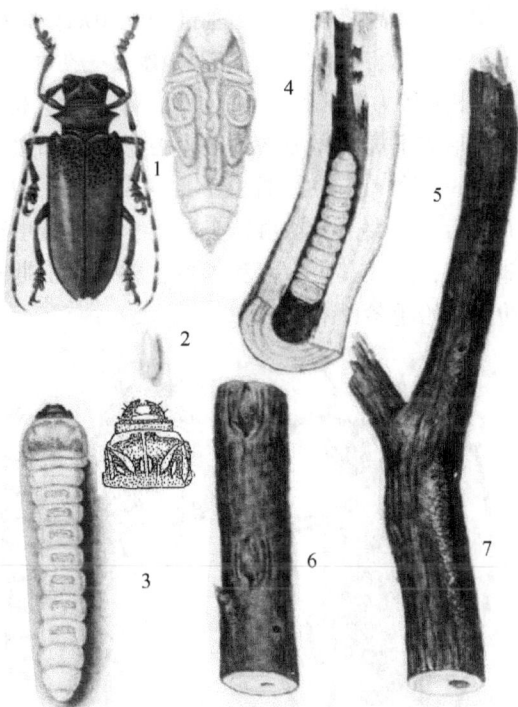

1. 成虫；2. 卵；3. 幼虫和前胸背板；4. 蛹；
5. 蛀道；6. 产卵刻槽；7. 蛀坑道及排粪孔

图5-3-1　桑天牛

（2）星天牛

①虫体特征

成虫：体长 2.5~3.0cm，宽 1cm，体黑色，体和翅漆黑色有光泽；鞘翅面上有许多不规则白色斑点。本种与光肩星天牛的区别在于：前者鞘翅基部有很多黑色小颗粒，而后者鞘翅基部光滑。触角呈丝状，黑白相间，长约 10cm。雄虫触角倍长于体，雌虫稍过体长。

幼虫：老熟幼虫体长 38~60mm，乳白色至淡黄色。前胸略扁，背板骨化区呈"凸"字形，"凸"字形纹上方有两个飞鸟形纹。气孔 9 对，深褐色。

卵：长椭圆形，长 5~6mm，宽 2.2~2.4mm。初产时白色，以后渐变为浅黄白色。

蛹：纺锤形，长 30~38mm，初化之蛹淡黄色，羽化前各部分逐渐变为黄褐色至黑色。

②生态学特性 星天牛主要危害杨、柳、榆、核桃、刺槐、桑树、红椿、乌桕、梧桐、苦楝、悬铃木、柑橘等林木。幼虫在树干基部、根部为害，使树木易于风折或整株枯死，星天牛分布在华南、华中、华东、西南等地区。浙江南部 1 年发生 1 代，个别地区 3 年 2 代或 2 年 1 代，以幼虫在被害寄主木质部内越冬。越冬幼虫于翌年 3 月以后开始活动，在浙江于清明节前后多数幼虫钻蛀成长 3.5~4.0cm、宽 1.8~2.3cm 的蛹室和直通表皮的圆形羽化孔，4 月上旬开始化蛹，5 月上旬成虫开始羽化，5 月底至 6 月上旬为成虫出孔高峰期，成虫羽化后在蛹室停留 4~8d 才从圆形羽化孔外出，啃食寄主幼嫩枝梢树皮作为补充营养，10~15d 后才交尾，交尾后 3~4d，雌虫在树干下部或主侧枝下部产卵，7 月上旬为产卵高峰，以树干基部向上 10cm 以内为多，产卵前先在树皮上咬深约 2mm、长约 8mm 的"T"字形或"人"字形刻槽，一般每一刻槽产 1 粒，产卵后分泌一种胶状物质封口。7 月中下旬为孵化高峰期，幼虫孵出后，即从产卵处蛀入，向下蛀食于表皮和木质部之间，形成不规则的扁平虫道，虫道中充满虫粪。一个月后开始向木质部蛀食，蛀至木质部 2~3cm 深处就转向上蛀，上蛀高度不一，蛀道加宽，并开有通气孔，从中排出粪便。9 月下旬后，绝大部分幼虫转头向下，顺着原虫道向下移动，至蛀入孔后，再开辟新虫道向下部蛀进，并在其中为害和越冬，整个幼虫期长达 10 个月，虫道长 35~57cm。10 月中旬后幼虫开始越冬(图 5-3-2)。

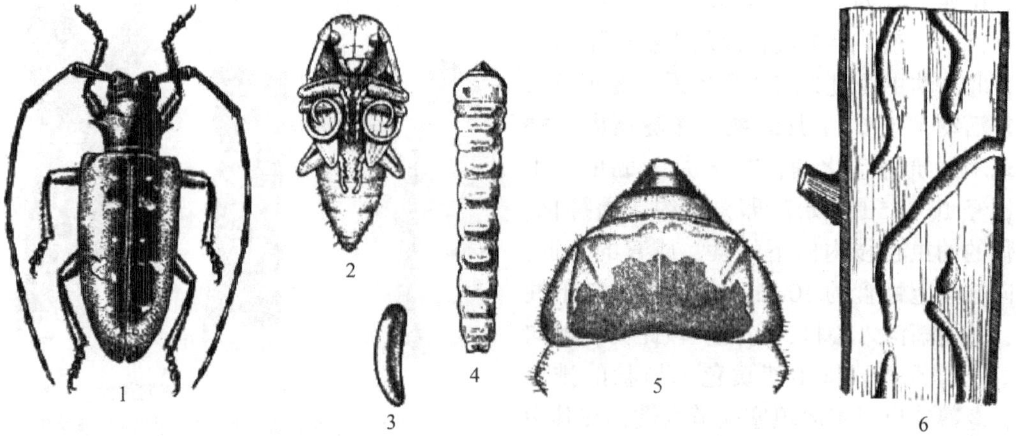

1. 成虫；2. 蛹；3. 卵；4. 幼虫；5. 幼虫前胸背板；6. 为害状

图 5-3-2　星天牛

（3）云斑天牛

①虫体特征

成虫：体长 35~65mm，体底色为灰黑或黑褐色，密被灰绿或灰白色绒毛。头中央有 1 条纵沟，前胸背面有 1 对肾形白斑，翅基有颗粒状瘤突，头至腹末两侧有 1 条白色绒毛组成的宽带。

幼虫：体长 70~80mm，乳白色至淡黄色，幼虫前胸背板上有"山"字形纹，前端中间有一对白色圆点。

卵：长约 8mm，长卵圆形，淡黄色。

蛹：长 40~70mm，乳白色至淡黄色。

②生态学特性　该虫 2~3 年 1 代，以幼虫、蛹及成虫越冬。成虫 5~6 月出现，以晴天出现为多，在离地 30~150cm 高的树干或粗枝上咬一个蚕豆大的产卵痕，在痕内上方产卵 1 粒，一株树被产卵多达 10 余粒，每雌一生产卵 40 粒。卵经 12d 孵化，初孵幼虫在韧皮部取食，后蛀入木质部，并排出虫粪木屑，粪便粗糙丝状，不完全外排。被害部分树皮外胀、纵裂、变黑、流出树液，木屑外露。蛀孔梢弯曲，多岔道，排泄孔大，老熟幼虫在虫道末端做蛹室化蛹。被害严重树可整株枯死（图 5-3-3）。

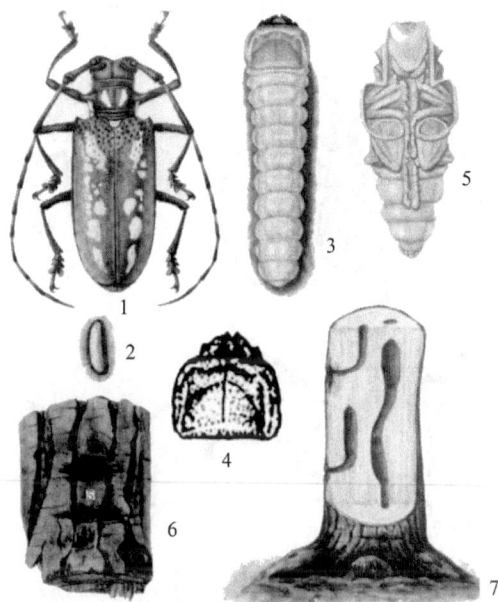

1. 成虫；2. 卵；3. 幼虫；4. 幼虫前胸背板；5. 蛹；
6. 产卵刻槽；7. 为害状

图 5-3-3　云斑天牛

（4）松墨天牛

松墨天牛，又称松褐天牛，是危害松树的主要蛀干害虫，其成虫啃食嫩枝皮，造成寄主衰弱；幼虫钻蛀树干，致松树枯死。更为严重的是松墨天牛是传播松树毁灭性病害——松材线虫病的媒介昆虫，被列为国际国内检疫性害虫。

①虫体特征

成虫：体长 15~28mm，宽 4.5~9.5mm，橙黄色至赤褐色。触角棕栗色，雄虫触角第 1、2 节全部和第 3 节基部具有稀疏的灰白色绒毛；雌虫触角除末端第 2、3 节外，其余各节大部灰白色，只末端一小环为深色。雄虫触角超过体长一倍多，雌虫触角约超出体长 1/3。前胸宽大于长，多皱纹，侧刺突较大。前胸背板有两条相当阔的橙黄色纵纹，与 3 条黑色绒纹相间。小盾片密被橙黄色绒毛。每一鞘翅具 5 条纵纹，由方形或长方形的黑色及灰白色绒毛斑点相间组成。腹面及足有灰白色绒毛。

幼虫：乳白色，扁圆筒形，老熟时体长可达 43mm。头部黑褐色，前胸背板褐色，中央有波状横纹。

卵：长约 4mm，乳白色，略呈镰刀形。

蛹：乳白色，圆筒形，体长 20~26mm。

②生态学特性　松墨天牛基本上 1 年发生 1 代，以幼虫在松树木质部坑道中越冬。一般情况下，翌年 3 月中旬越冬代幼虫继续取食，4 月上旬在蛀道末端蛹室中化蛹，4 月下旬始见成虫，5 月中旬为羽化盛期，5 月下旬幼虫出现，10 月下旬至 11 月初幼虫陆续越冬。成虫性成熟后，在树皮上咬一眼状刻槽，然后于其中产 1 粒至数粒卵。幼虫孵出后即蛀入皮下，幼虫初龄时在树皮下蛀食，在内皮和边材形成宽而不规则的平坑，使树木输导系统受到破坏，坑道内充满褐色虫粪和白色纤维状蛀屑。秋天蛀扁圆形孔侵入木质部 3~4cm，即向上方或下方蛀纵坑道，坑道长 5~10cm，然后转弯向外蛀食至边材，在坑道末端筑蛹室化蛹，整个坑道呈"U"形，蛀屑除坑道末端靠近蛹室附近留下少数外，大部均推出堆积在树皮下，坑道内很干净。成虫喜食 1~2 年生嫩枝树皮，雌成虫喜欢在濒死木或生长势弱的松树上产卵，遭受雪灾或掠夺性采脂的松林为松墨天牛大量繁殖提供了有利条件。幼虫共 5 龄，孵化后的幼虫在韧皮部取食，2 龄以后在边材表皮取食，3~4 龄幼虫蛀食木质部，越冬后的老龄幼虫向外蛀食至边材，羽化后的成虫经一周左右，从蛹室向外咬一直径 8~10mm 的圆形羽化孔爬出，并沿树干爬上树干，开始日夜为害，傍晚和夜间最活跃。

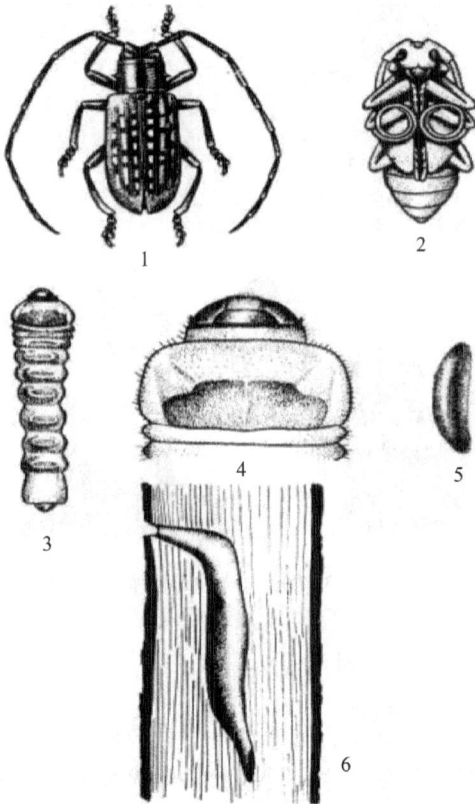

1. 成虫；2. 蛹；3. 幼虫；
4. 幼虫前胸背板；5. 卵；6. 为害状
图 5-3-4　松墨天牛

成虫产卵活动需要较多的光线，在温度 20℃ 左右最适宜，故一般在稀疏的林分发生较重，郁闭度大的林分，则以林缘感染最多；或自林中空地先发生，再向四周蔓延。伐倒木如不及时运出林外，留在林中过夏，或不经剥皮处理，则很快被此虫侵害。8~9 年的幼树受害较轻，20 年树龄以上受害重。各类松树以马尾松、湿地松和思茅松受害最重(图 5-3-4)。

3.1.2　食叶害虫——松毛虫

松毛虫是我国松类、柏类、杉类的主要害虫，是鳞翅目枯叶蛾科松毛虫属昆虫的统称。又名毛虫、火毛虫，古称松蚕，共有 30 余种，我国分布有 27 种，是松毛虫种类最丰富的国家。松毛虫啃食松针，影响树木的生长，并造成木材和松脂产量的损失，甚至造成树木死亡。虫灾暴发后，松毛虫的毒毛通过微风广泛传播，人们也会感染"松毛虫病"。在中国，平均每年有 130 万 hm² 的林地受到松毛虫的危害。至今，松毛虫仍是森林害虫中发生量大、危害面广的主要森林害虫。

（1）松毛虫生活史

不同的地区和海拔，松毛虫每年发生的世代数有差异（图5-3-5）。例如，在北方地区（如河北）1年发生2代；在中部地区（如湖南、湖北和安徽）1年发生2~3代；在南方地区（如广东）1年发生3~4代。

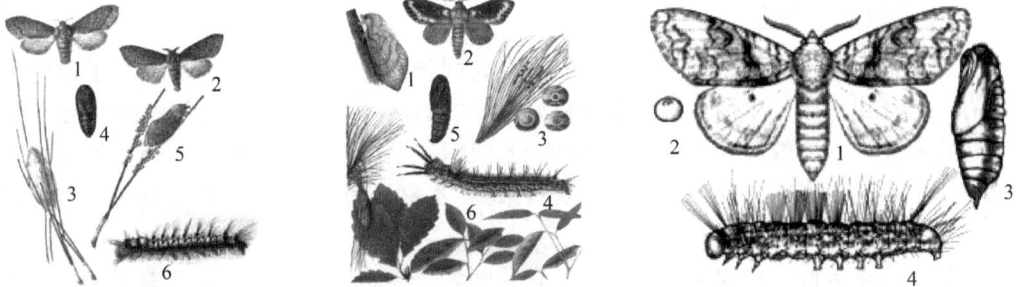

马尾松毛虫生活史
1. 雌成虫；2. 雄成虫；3. 茧；
4. 蛹；5. 卵；6. 幼虫

思茅松毛虫生活史
1. 雌成虫；2. 雄成虫；3. 卵；
4. 幼虫；5. 蛹；6. 茧

松毒蛾生活史
1. 雌成虫；2. 卵；3. 蛹；4. 幼虫

图5-3-5　不同松毛虫生活史

松毛虫发生的代数、危害程度通常和气候、食物是否充足和微环境有关。松毛虫是周期性大面积暴发的虫害。暴发通常始于某块特定地区——虫源地，经常暴发在海拔低于300m地区，每隔3~4年暴发1次，偶尔每隔5~6年在海拔400~500m地区暴发一次，暴发时借助于高速繁殖率，迅速蔓延至更广泛的地区。注意，必须先对虫源地实施防治措施。

（2）松毛虫严重暴发的原因

①树林脆弱　不适宜造林或立地条件差，林木生长差，管理不当（修剪过度、松树下灌木过度采伐）等均有可能导致虫害的暴发。

②缺少虫害综合防治的知识　许多森林经营者一旦发现虫害，会首选或主要使用化学杀虫剂，这些做法有时会起相反作用。

③防治方法不正确　化学防治方法是最常用的方法，因为生物防治措施的应用相对复杂，生物防治很多时候见效不如化学药剂快。当虫害已经发生却没有及时发现和采取相应防治措施时，就妨碍了有效的长期防治。简单地采用化学药剂进行防治对环境也有很大影响，会产生药物污染，对天敌也产生很大的伤害。因为林木经营和管理者对杀虫剂的应用效果并不是很明确，甚至为了达到立竿见影的防治效果，往往采用浓度很高的化学药剂并过度使用，除了对环境和天敌产生影响，也会增强害虫的抗药性。

④防治工具不适宜　简单的喷雾器不能喷施到树的高层，尤其是山区，因为地形因素，药剂难以接触到树木的部分位置，喷雾器携带也非常不方便。

⑤防治成本高和优先性低　例如，农民经营小片森林时，其经营优先性通常低于其他农业活动，因此农民很难把大量资金用于森林虫害防治。

3.1.3 杂食性害虫——白蚁

白蚁是世界性的害虫，中国的白蚁种类已知约 350 种，危害林木的有黑翅土白蚁、家白蚁、大头家白蚁、黄翅大白蚁、海南大白蚁、黄胸散白蚁、黑胸散白蚁、歪白蚁、闽华歪白蚁和大近歪白蚁等。这些白蚁多数或绝大多数生于山林，对林木危害很大。

（1）白蚁生活习性

白蚁不同于其他昆虫，是一种组织性强、高度分工的社会性昆虫，白蚁为了适应环境和生存，进化出一定的生活规律。想要做好白蚁的防治，首先需要熟悉白蚁的生活习性。

①营巢生活　白蚁分为土栖、木栖和土木两栖三大类，其巢穴主要有地上巢穴、地下巢穴、木中巢穴。巢穴主要为白蚁提供食料来源（木材、菌圃），提供安全场所，维持湿度和温度。

②活动有季节性　白蚁喜温怕寒，适宜温度为 25~30℃。我国一般从清明至白露是白蚁的活动季节，南方比北方长。

③活动隐蔽　白蚁多怕光，活动都在隐蔽处、有物体掩护的地方，因此白蚁一般不易被发现。

④相互接触的吮舐性　白蚁互相吮舐，清洁卫生，交哺喂食。

⑤分飞特性　每年的 4~6 月，生殖蚁有很强的趋光性，有翅成虫分飞后，配对后脱翅，然后寻找适宜的地方入土营巢。分飞特性帮助周边白蚁蔓延入侵，同时载体的运输（木头、泥土等）可以扩散白蚁危害。

（2）白蚁危害树木和危害情况调查

据统计，白蚁危害木本植物达 90 多种，杉木、檫木、刺槐、泡桐、柳杉、黑荆树、板栗、油桐、枫香、枫杨、池杉、水杉、木荷、咖啡、橡胶树、柳树、桉树、银杏、南岭黄檀、女贞、香樟、马尾松、悬铃木、楠木等 30 种林木受害比较严重。白蚁营巢于土中或植物中，取食植物的根茎，致使苗木生长不良或者整株枯死。我国南方大面积人工幼林、风景区参天挺拔的数百至千余年的古树遭到白蚁蛀蚀。近年来，经过多次调查，发现土栖白蚁危害人工幼林、幼树、插条以及一些树木的芽接苗，古道宅旁树木、风景区的古树名木和行道树叶遭白蚁危害严重。防治白蚁对林木的危害，是我国林业工作者必须掌握的技能。

（3）人工林白蚁危害的原因

在我国危害林木的主要种类包括：木白蚁科树白蚁属、新白蚁属，原白蚁科原白蚁属，鼻白蚁科散白蚁属、家白蚁属、长鼻白蚁属、杆白蚁属，白蚁科土白蚁属、大白蚁属、象白蚁属、球白蚁属等。其中以土白蚁属、大白蚁属、家白蚁属、原白蚁属、象白蚁属危害林木最严重。

我国长江及以南地区的原始次生林和针阔叶混交林森林生态环境复杂，海拔较高，土层深厚，加之气候温暖、雨量充沛，适宜白蚁生存繁衍。在这种环境条件下，白蚁的食源充足，大体上起到了"森林清洁"作用。白蚁清除林内残剩物、濒死木，通过取食消化和新陈代谢作用，分解植物体，加速物质循环，增加土壤中碳氮含量，蚁尸和死巢可以增加土壤养分，使蚁巢土和巢外周围土壤加快熟化，对林木生长有一定的促进作用，这些林区白蚁的存在可看成是森林生态系的一个组成部分，无特殊情况不必进行人为除治。

在原始次生林内，被白蚁蛀食的林木主要是被压木、生长衰弱木（风折木、雪压木、雷击木、人为或动物损伤的林木），其他蛀干害虫蛀食后经木腐菌寄生的林木，使土栖白蚁为害，加速林木空心和枯死，造成更大的损失。

近年来，我国丘陵、荒地为了强调林木培育的速生丰产，林地全垦，抽沟整地，大面积营造杉木、檫木林，原有林木、树桩、杂草一律清除干净，一年几次松土除草，将土栖白蚁原有食料数次清除，在严重缺食情况下，土栖白蚁为了得到食物就近危害杉木、檫木、黑荆树等幼树，造成这些林木死亡。橡胶芽接苗、黑荆树、桉树苗的大量受害也是在细致整地造林、精细的幼林抚育管理情况下形成的。在相同地区，整地和幼林抚育管理粗放的林木受害轻，因白蚁的食料充足。在受害重的用材林、经济林基地要采取防治措施，清除蚁患，保证这些林木快速成材和取得经济效益。

在家白蚁发生危害区，于林中严重危害情况较少见，但在行道树筑巢危害较常见。例如，湖北、安徽和江苏等地发现家白蚁蚁巢大多筑于悬铃木、枫杨、杨树、柳树等行道树中，很多地方数百年的樟树、银杏、古柏等是家白蚁营巢对象，树巢的存在，促使古树提前衰亡，破坏了古迹和景观。湖北、湖南家白蚁危害城乡宅旁树木达95种，有30余种树木可筑主巢，有65种树木有家白蚁副巢，有73种树木有家白蚁的分群孔。马尾松、香樟、枫香、石楠等是家白蚁营建主巢的主要树种（图5-3-6、表5-3-1）。

家白蚁兵蚁　黑翅土白蚁兵蚁

家白蚁工蚁　黑翅土白蚁工蚁

家白蚁成虫　黑翅土白蚁成虫

图5-3-6　家白蚁与黑翅土白蚁

表5-3-1　家白蚁与黑翅土白蚁的区分表

名称	栖地	危害对象	兵蚁	有翅成虫	工蚁	习性
家白蚁	土木两栖性	建筑、桥梁、电线杆和绿化树木	头和触角浅黄色；头椭圆形；前胸背板前宽后狭，后缘有一缺刻	头胸部黄褐色；触角20节，翅膀灰白色	头部浅黄色，头部前部呈方形，后部呈圆形	筑巢于土壤和砖墙孔隙，也可筑巢于木材和活树的树根、树干，或者兼而有之
黑翅土白蚁	土栖性	危害槐树、马尾松、冷杉、柏树、云杉、杉木、香樟	头和触角黄褐色；头扁圆筒形；前胸背板前宽后狭，前缘有两缺刻，像元宝	头胸部黑色；触角15~17节；翅膀黑褐色	头部深褐色，头部圆形流线型	主巢一般建在地下2m以下。主要在危害树木的茎干上形成泥被

3.2 技术指南

3.2.1 天牛防治技术

（1）生活史及发生方式

不同地区、不同种类的蛀干害虫危害习性、生活史、发生时间和危害方式不同。例如，桑天牛，北方 2~3 年 1 代，广东 1 年 1 代，危害期为春季至 10~11 月；松墨天牛基本上 1 年发生 1 代，成虫出现在 4 月下旬，危害期 5~10 月。

（2）虫情监测调查

虫害的发生都有一定的规律性，首先要认识和掌握天牛危害发生的时间、种类、危害程度、发生规律等情况，做好天牛危害的预防与防治，减少天牛的危害损失。

观测林木天牛危害蛀孔，采集天牛标本(生活史的某一阶段)，确定最佳防治措施。确定是否采取防治措施，采取何种防治措施，何时防治等。应考虑当地经济及环境因素，因防治费用较高，所以在最终确定前需要对天牛危害做一个简单的调查和成本效益分析(表 5-3-2)。

表 5-3-2 蛀干害虫调查表

地区类型	危害林木	虫害种类名称	危害情况	发生规律	备注

（3）损失评估

树木受害严重，有可能造成死亡，导致材积损失和经济损失；发生蛀干害虫，但树木不死亡，会降低材质或者观赏价值，同样导致材积损失和经济损失。以上情况需要根据虫害的发生危害评估经济损失，当需要采取防治时，如何防治，采用何种防治方式需评估防治的经济效益。

（4）天牛鉴别（表 5-3-3）

表 5-3-3 严重危害林木的 4 种天牛虫体形态以及危害症状

种类	成虫	幼虫前胸背板	危害部位	蛀道	粪渣	产卵痕
桑天牛	成虫体密被青棕色或棕黄色绒毛；前胸背板前后横沟间有不规则的横皱或横脊；鞘翅基部密布黑色光亮的颗粒状突起，占全翅长的 1/4~1/3	后半部密生赤褐色颗粒状小点，并有一对"小"字形凹纹	枝干的皮下和木质部	向下蛀食，隧道通直干净	打火石状	"U"字形洼或"川"字形伤口
星天牛	成虫体和翅漆黑色有光泽；鞘翅面上有许多白色斑点，翅基有许多瘤突	具"凸"字形纹，其前有一对飞雁纹	主干基部木质部及皮层	蛀道迂回，横向串食	粗锯木屑状，不完全外排	"T"字形或"人"字形刻槽
云斑天牛	成虫头中央有 1 条纵沟，前胸背板有 1 对肾形白斑；翅基有颗粒状瘤突，头至腹末两侧有 1 条白色绒毛组成的宽带	有"山"字形纹，前端中间有一对白色圆点	主干韧皮部、木质部	稍弯曲，多岔道	粗糙丝状，不完全外排	唇形洼

（续）

种类	成虫	幼虫前胸背板	危害部位	蛀道	粪渣	产卵痕
松墨天牛	成虫体黑略带紫铜色，具金属光泽；鞘翅基部光滑，表面各具20多个大小不等的白色绒毛斑点，略呈不规则的5横列	有"凸"字形纹，无其他斑纹	枝干的皮层和木质部内	向上蛀食，蛀道多岔道	长锯木屑状，不完全外排	椭圆形洼

（5）防治措施

天牛的防治首先要加强监测预报，健全对危险性天牛的监控组织机构，落实责任制度，使监控手段科学化。其次，天牛的防治还应该突出产地检疫，对虫口密度大、树龄大的、已经没有挽救价值的林木应更新改造为主，再辅以药剂防治，虫害木清除后及时补种抗性免疫树种，改造成多品种林分。对虫口密度低的中幼龄林以药剂防治为主，以清理虫害木和物理防治措施为辅。

①营林措施　选用抗病品种，如选用毛白杨造林；合理配置树种，营造混交林，避免将同类树种混栽在一起。用抗性树种和品系，如毛白杨、苦楝、臭椿、泡桐等进行一定距离的隔离，可阻止天牛的扩散危害；林区管理合理化，及时伐除虫害木、枯立木、衰弱木、濒死木等，阻止成虫产卵，改变卵的孵化条件，减轻后续危害。

②物理防治　在天牛成虫出现期，对于有假死性的天牛可振落捕杀，也可人工捕捉成虫。在成虫产卵期，锤击产卵的刻槽可杀死卵和小幼虫。用棉签蘸白僵菌粉剂20~50倍液塞入虫孔防治幼虫。例如，将原液（含菌数120亿~160亿个孢子/mL）稀释300倍以下，从桑天牛倒数第2排粪孔注入药液，倒数第3孔流出，用泥封口。

③化学防治　在成虫羽化始盛期对被害树木喷施绿色威雷200倍液，杀虫效果达100%。采用打孔注射药液法，在树干基部注射6%吡虫啉乳油1.5mL/cm胸径，或护树宝注干剂1.0~1.5mL/cm胸径，用以防治幼虫。

④生物防治　保护、利用天敌。例如，在天牛幼虫期释放管氏肿腿蜂；招引大斑啄木鸟捕食和定居。在幼虫生长期；气温20℃以上时，可蘸取白僵菌和绿僵菌粉与西维因混合粉剂插入虫孔，或用1.6亿个孢子/mL菌液喷侵入孔，杀死幼虫。

3.2.2　松毛虫防治技术

病虫害的综合防治是将自然防治与其他防治措施相结合，其控制害虫数量低于可接受危害的临界点并严重干扰其相关的生态系统，而不是完全消灭害虫，松毛虫综合防治是通过营造混交树种及森林郁闭，改善林业生态系统，保护其他植被和天敌，以及对森林结构的整体调整，以提供一个具有不同郁闭等级且林龄分布合理的健康环境，其宗旨是减少松毛虫食物的集中供应，改善环境，使其更有利于天敌的生存，同时增加松树对病虫害的抵抗力。

（1）松毛虫综合防治措施

①定期监测　松毛虫是周期性害虫，最有效的防治方法是在暴发初期，在情况变得特别严重之前采取防治措施。因此，监测是早期防治成功的前提条件（图5-3-7、表5-3-4）。

下述 4 种抽样方法可用于监测：

整株树抽样：统计整株树上松毛虫的数量。每 1000 株至少抽取 16 株，然后计算平均种群密度。

枝条抽样：统计长度为 50cm 的枝条上的松毛虫数量。至少抽取 30 根枝条，然后计算平均种群密度。

侵袭比例：仅计算松树的侵袭比例，可将其转换为种群密度。当树木很大时，摇动树木或检查树下排泄物，这是最简单的方法。

诱捕法：信息素和诱捕法也适用于松毛虫成虫。

前面 3 种抽样方法可用于检查虫卵或生活史中第 2~3 龄阶段。如果可能的话，在松林中应用三角形抽样方式进行抽样。当种群密度超过经济临界点时，建议采取控制措施。

（a）　　　　　　　　　　　　（b）

图 5-3-7　清点树木松毛虫数量

表 5-3-4　松毛虫发生发展监测表

地点：			时间：			树种：			海拔(m)：	
树龄(年)：			立地类型：					植被：		
编号	1	2	3	4	5	6	7	8	平均	
虫卵										
幼虫										
蛹										

②预防及控制　应定期对松毛虫数量进行观测，只有当其种群密度超过防治临界点时才实施控制。首先应采用生物防治，只有生物防治不适合的情况下才采用化学防治。防治临界点根据地点和地区的不同而有一定差异。对于 5 年、10 年和 15 年的松树而言，松毛虫的防治临界点可分别定为 20 只、30 只和 40 只。必须根据发生地区、立地条件和所应用的防治方法来综合调整临界点虫的数量。在偶尔暴发地区，其防治临界点可能高于虫源

地，或者对于生物防治来讲，其防治临界点应该较低。做出防治的决策并不容易。要做出正确决定，需要经验。防治目的是将松毛虫的数量减少至可接受的水平，而不是完全消灭。定期预防措施包括：

封林：通过增加生物多样性可以在很大程度上降低虫害暴发频率和强度。同时增加非松树植被，为天敌和生态系统循环提供了更好的环境，并改善生态系统的微气候，因而提高了对虫害的抗性。

合理的管理：在松干上至少保留5~7根轮生的枝条。调整郁闭度至0.6~0.7，以促进地面植被覆盖率的增加，特别是开花植物(吸引天敌)的生长。在稀疏的松树纯林中栽种阔叶树种。

保护鸟类：在树上放置人工鸟巢以吸引更多的鸟类，鸟类可以控制害虫虫口密度。可选择在3月之前和筑巢季节或秋冬季节装上人工鸟巢。

当种群密度超过防治临界点之后，应立即采取控制措施，以避免造成更大面积的危害。

③生物防治措施　在虫害尚未到达防治临界点之前，可利用生物防治的方法进行防治。

球孢白僵菌：要求在潮湿的天气(相对湿度至少70%)进行。比较适合长江或长江以南多雨地区防治越冬的害虫。球孢白僵菌的接种释放可以更有效地控制松毛虫，而且与大范围的释放相比，它对林木生态系统中生物多样性的负面影响最小。除了球孢白僵菌外，还可利用苏云金杆菌防治松毛虫的第1代、第2代，只是环境温度要求较高。

病毒：松毛虫病毒(质形多角体病毒)可以长时期(多年)控制松毛虫。但其只适用于种群密度不太高，或松毛虫很小的情况下。

寄生蜂：松毛虫赤眼蜂是目前林木防治应用最广泛的一种虫卵寄生蜂，能够在某种程度上控制当前一代的松毛虫。由于它不能在森林中生存并寄生至下一代，且寄生选择上有差异，也受林木气候环境的影响，所以其应用有一定的局限性。其他寄生蜂如平腹小蜂、旋小蜂、松毛虫黑卵蜂也可控制和防治松毛虫危害。

④化学防治措施　化学防治松毛虫所采用的药剂及使用方法具体如下：

灭幼脲：是一种有效控制松毛虫生长的抑制剂。与其他化学药品相比，灭幼脲对天敌和环境的影响较小。然而，它的控制作用相对来说比较慢。应在松毛虫的早期幼龄(3~4龄)阶段应用。灭幼脲对鱼虾有一定的毒害作用，所以进行灭幼脲防治时一定注意周边水源情况。

拟除虫菊酯：当种群密度非常高，或者不适宜应用生物防治措施时，可以使用拟除虫菊酯。应谨慎控制杀虫剂的应用浓度和使用比率。如果杀虫剂混合物浓度太大或者单位面积内使用剂量过多，将会大幅增加防治成本，而且还对天敌伤害很大，并且污染环境，导致松毛虫逐渐对杀虫剂产生抗性，杀虫剂对人类和饲养的牲畜毒害很大，所以应该尽可能少地使用，并给予较多关注。

在喷洒杀虫剂和生物剂农药时，建议使用超低容量的喷雾器。只能在无风时使用，时间选择近黎明或近黄昏时，对邻近屋舍或水源的危险较低时才能喷洒。在山区或当树木很高时，可以使用专用工具。当被感染的面积较大时，可以考虑飞机喷洒。球孢白僵菌通常以粉剂方式使用。

（2）防治基准点

不要杀死所有松毛虫，只有当种群密度超过了防治临界点时才开始防治(图 5-3-8)。

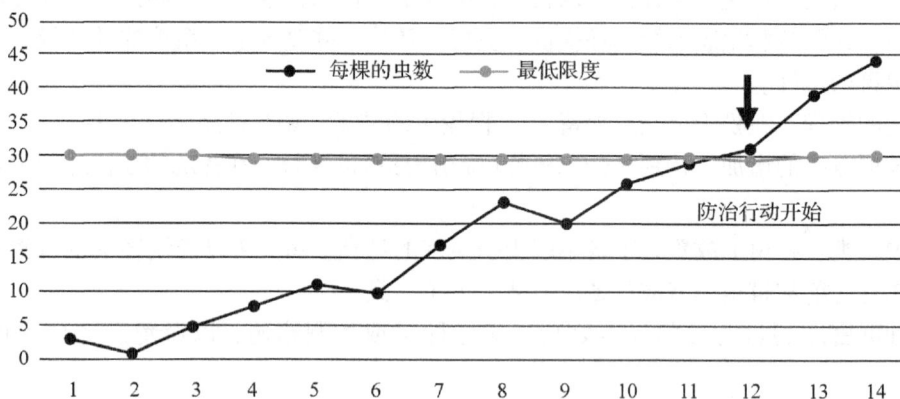

图 5-3-8　防治基准点曲线

3.2.3　白蚁防治技术

（1）生态预防法

首先做好生态预防，也就是改变环境条件，使之形成对白蚁不利的环境因素。

①选择天然抗白蚁树种　白蚁对树木的嗜食是有选择性的，不同的树种或木材对白蚁表现出不同的抗性。例如，我国南方生长的马尾松、樟树、桉树对白蚁的抗性较差，常为白蚁严重蛀食。不仅不同树种对同一种白蚁有不同的自然抗性，同一树种对不同白蚁种类的抗性也不相同。一般来说，木材的密度与抵抗白蚁危害有关，木材密度越大，对白蚁的抗性越强；此外，木材所含的化学物质也与对白蚁的抗性有关。

②清除白蚁滋生地　造林地，尤其在荒地，树桩、朽木多的地块，造林前应深翻土壤，捣毁蚁巢，这样可预先切断地下白蚁的来路，从而收到良好的预防效果。

③营造混交林　造林规划设计尽量避免营造纯林。因为单一纯林地面杂草灌木较少，白蚁因缺乏食料，转而对林木造成危害。营造混交林时，适当保持部分林地中的多种植被共存，以减少白蚁对活立木的危害。

④选择雨季造林　在雨季白蚁对树木的危害有所减轻，苗木受白蚁危害可能性相对降低，同时苗木也较易成活。

⑤苗木栽植期管理与处理　从起苗、培植，直至成林，都要精心细致，抚育管理中尽可能避免损伤树干、苗根，因为白蚁容易从树木破损处取食，加剧蚁害。

⑥加强检疫　苗木、木材调运中(尤其是空心次材)一定要做好检疫工作，确定无活体白蚁和蚁害后才能调运，杜绝白蚁扩散蔓延。

（2）白蚁控制措施

在生态预防的基础上，一旦发现白蚁危害严重，需要及时采取防治白蚁控制措施。

①清理造林地 在造林前于荒山、次生林地清除杂木荒草和整地的同时，每亩设一个诱集坑，坑内堆置劈开的松柴，横竖放好，淋些淘米水或红糖水，在白蚁活动季节的10~15d，打开坑顶，发现白蚁在坑内取食松柴时，用喷粉枪对准蚁体轻轻喷施灭蚁药剂，让较多的白蚁带少量药粉回巢，由于相互交哺行为，整个巢穴白蚁死亡。如诱集坑设置均匀，可控制土栖白蚁发生，使幼树免遭危害。

②烟剂熏杀 在造林整地时，发现土栖白蚁的主蚁道，结合地形判断蚁巢大致位置，或在造林后发现白蚁危害严重时，根据地形特征，挖探测沟找出蚁道、主蚁道，用熏烟筒盛装1.0~1.5kg的烟雾剂，熏烟前于烟剂上方放入塑料袋装10~20mL敌敌畏乳油，将烟筒对准主蚁道，发烟剂燃烧后产生的高温、高压将敌敌畏气化，烟雾迅速压进蚁巢，使整巢白蚁受热、受药中毒而死。

③挖巢除杀 根据地形特征，受害林木分布情况，泥被、泥线和分群孔，鸡枞出现位置等判断蚁巢位置，然后间隔一定距离开挖，找到白蚁蚁道后，及时用树枝插入做标记，直到找出主蚁道，再向兵蚁多、腥味重的方向追挖，快速挖出蚁巢，找出蚁王和蚁后。

④林地直接诱杀 用诱饵剂灭蚁灵粉拌白蚁喜欢取食的饵料，在白蚁活动频繁的春、秋季，每亩林地投放一袋，投放前铲取5~10cm表土，将诱饵剂放在堆集的枯枝杂草中间，然后覆土盖严，引诱白蚁取食；或者对于被白蚁危害的林木，在离地80~120cm的树干上缠系LLDPE白蚁诱杀袋诱杀，效果良好，可以在蚁害严重的幼林地大面积应用。

⑤苗木、幼树根际土壤处理 在发现幼苗、插条、幼树根际遭到白蚁危害时，在圃地四周或被侵袭的傍山圃地一边、苗床四周、苗木行间或被害幼树四周开沟，以0.04%的氯丹乳剂灌浇沟内土壤，然后覆土，幼树每株用量500mL。

3.3 教学指南

3.3.1 教学方法说明

通常情况下，在发现有害生物的危害迹象时，容易陷入思维误区，急忙施用杀虫剂进行防治，给林木喷施药液或打孔注射药液。其实这种做法成本高，对环境的危害大，副作用大，在很多情况下完全没有必要。本培训的目的就是要更正有害生物防治的思维误区，转变学员的综合防治理念，掌握综合防治技术，培养学员根据具体情况，合理选择防治方法的能力。

（1）活跃气氛

初步介绍后，了解学员对森林常见有害生物的认识程度，参加过哪些有害生物的调查与防治工作，简述过程和经历。了解学员是否观察过有害生物对周边树木的危害特征，如果参与过、观察过，那么观察过哪种有害生物危害，对林木造成的危害情况是怎样的，对林木造成的经济损失是否估算过，尤其是身边常见的天牛、松毛虫、白蚁的危害。如有可能，以受害林木(如杨树、柳树、松树)作为教学条件，请学员对身边有害生物危害和造成的损失发表意见，引出森林蛀干害虫天牛、食叶害虫松毛虫、地下害虫白蚁的危害。

（2）展示和交流

向学员展示学习的病虫害的图片和标本，交流对病虫害的认知，了解其危害情况，播放其危害视频和新闻报道，让学员估计该害虫对林木的危害程度和造成的损失。

就病虫防治的不同防治类型及原理让学生进行充分讨论，重点放在病虫的综合防治上，尤其是根据病虫危害实际情况灵活应用多种防治方法进行综合治理，目的是结合监测和检疫措施因地制宜地将有害生物的种群数量控制在经济影响之下，而非一味地消灭所有害虫，想一味地消灭所有害虫的想法是不切实际的。

3.3.2 教学练习与总结

简介：本教学内容的目的是结合病虫害的防治方法和原理，介绍有害生物的鉴别及防治方法	目标：了解有害生物的综合防治概念和防治措施及技术；了解怎样识别、监测和预防有害生物发生；掌握有害生物综合防治的各种防治技术及应用	步骤：介绍并讨论有害生物及其危害，讲解有害生物危害损失及防治方法、防治措施，并实施防治评估，提出经济合理的防治方法，在森林中进行实习	培训对象：林业技术人员、村民和其他相关人员
培训教师：病虫害防治专家	培训场所：教室、危害林地（如杨树林、松树林）	时间：每种类型有害生物时间安排：1~7d	培训人数：10~15人

3.3.3 教学过程设计

时间	目的	内容及程序	材料
30min	学习准备	准备学习资料	学员名单，学习内容
30min	确定学员相关知识水平	自我介绍，学员介绍，介绍课程学习目的，活跃气氛、集思广益，学员讨论有害生物防治参与情况及经验	演示文稿、黑板
20min	了解该有害生物的生活史	询问学员对该有害生物危害的认识，探讨发生的原因及害虫生活史、发生方式，引导学员讨论其危害特点及其对林木经济损失的影响	天牛生活史标本和危害林木标本
40min	学习该有害生物不同的防治措施和防治方法	讲解病虫害防治原理及可以使用的各种防治方法，如何进行种群发展的监测和预防，进而掌握该有害生物的合理防治措施及防治方法。根据周边林地遭受该有害生物危害情况、危害类型，探讨最佳防治方法，进行不同防治技术展示	演示文稿、黑板
1h	诊断、预测指南及防治方法选择	解释如何对该有害生物危害进行损失评估，选择正确的防治方法。分发相关培训资料，讨论该有害生物的危害鉴别方法，详细解释不同防治方法及其优缺点	培训资料
1h	实地查验、评估	考察林木危害，检查该有害生物危害情况，尝试进行危害种类鉴定及可采取的防治措施和方法，以及防治措施方法的选择依据，分组讨论并发表意见	镊子、放大镜、钩子、棉签
2h	虫情诊断、方法选择	考察该有害生物危害的林木，将学员分组，每组进行虫情诊断和危害调查，进行危害经济损失评估，选择正确的防治方法，分组讨论，评价各组结果	纸、笔、图鉴、记录本
2h	防治技术练习	选择周边合适的林地，示范、练习相应的防治技术，如采取苗木地挖巢、压烟灭蚁法、饵料诱杀法等练习白蚁防治技术	杀虫剂、工具、记录表

○ **思考题**

1. 简述桑天牛、云斑天牛、松毛虫、星天牛的主要危害特征。
2. 简述白蚁的生活史。
3. 简述星天牛的主要防治技术措施。
4. 简述松毛虫的主要防治技术措施。
5. 简述白蚁的主要防治技术措施。

○ **推荐阅读**

林业有害生物控制技术(第2版)，关继东，中国林业出版社，2014.

参考文献

崔鹏程，2017．近自然森林经营中的目标树作业法［J］．山西林业（1）：20-21，42.

翟明普，沈国舫，2016．森林培育学［M］．3版．北京：中国林业出版社.

杜强，张永涛，2010．近自然林业在我国的应用［J］．中国水土保持科学，8（1）：119-124.

关继东，2014．林业有害生物控制技术［M］．2版．北京：中国林业出版社.

国家标准化管理委员会，2015．森林抚育规程：GB/T 15781—2015［S］．北京：中国标准出版社.

国家标准化管理委员会，2016．造林技术规程：GB/T 15776—2016［S］．北京：中国标准出版社.

国家标准化管理委员会，2018．封山（沙）育林技术规程：GB/T 15163—2018［S］．北京：中国标准出版社.

国家标准化管理委员会，2020．森林资源连续清查技术规定：GB/T 38590—2020［S］．北京：中国标准出版社.

国家林业局，2003．造林作业设计规程：LY/T 1607—2003［S］．北京：中国标准出版社.

国家林业局，2012．森林经营方案编制与实施规范：LY/T 2007—2012［S］．北京：中国标准出版社.

国家林业局，2016．全国森林经营规划（2016-2050 年）［R/OL］．（2016-07-28）［2020-5-31］．https://www.forestry.gov.cn/uploadfile/main/2016－7/file/2016-7-27-5b0861f937084243be5d17399f5f5f71.pdf.

国家林业局，2017．低质低效林改造技术规程：LY/T 1690—2017［S］．北京：中国标准出版社.

黄云鹏，2018．林木种苗生产技术［M］．北京：高等教育出版社.

李凤日，2019．测树学［M］．4版．北京：中国林业出版社.

林业部，1995．全国森林火险天气等级：LY/T 1172—1995［S］．北京：中国标准出版社.

刘发林，2018．森林防火［M］．北京：中国林业出版社.

陆元昌，2006．近自然森林经营的理论与实践［M］．北京：科学出版社.

苏杰南，2017．森林调查技术［M］．北京：高等教育出版社.

王海英，2017．林下经济资源利用［M］．哈尔滨：东北林业大学出版社.

徐毅，2017．森林防火［M］．北京：中国林业出版社.

许新桥，2006．近自然林业理念概述［J］．世界林业研究，19（1）：10-13.

张会儒，2018．森林经理学研究方法与实践［M］．北京：中国林业出版社.

张军莲，席小玉，万永明，等，2017．多功能森林经营：理论与实践［J］．湖北林业科技，46（4）：47-50.

1. 小农户造林——封山育林案例

封山育林是实施中德合作造林项目中的一个重要活动，其主要目标是为项目区控制水土流失与恢复生态作出贡献。计划面积约 30 000 万 hm^2，实际完成封山育林 40 214.6 hm^2，这是一个很大的项目，也是最重要的项目之一。

（1）**参与该活动的标准**

①坡度大于 25°，郁闭度在 0.5~0.8，距村庄 500m 以外。

②个体农户、自愿参加的联户或村组都可参加。

③如果封山育林土地由村集体管理，鼓励村集体参与进来，以避免将大面积森林分割成块。

④在参与式土地利用规划时，只有有足够的地方供农民放牧并且同意安排放牧地块的村，才能参加封山育林活动。

（2）**选地标准**

①距离村庄 500m 以外。

②坡度大于 25°。

③有水土流失的迹象。

④现有植被郁闭度 0.5~0.8。

（3）**实施和管理**

在参与式土地利用规划时，封山育林重点强调以下内容：

①自愿要求参与该项目的农民和联户以及村组才能参加。

②村里必须计划好封山育林外的放牧地区及薪材砍伐区。

③村里必须同意书面制定的森林保护规定。

④村里必须安排护林员。

⑤优先考虑较大的林班和小班。

⑥封山育林为期 6 年，全封不得使用。

⑦禁止砍伐任何树木、清理死树、修枝、去除地表植被、剥皮、拾叶等。

⑧在封山育林活动中允许在低坡和靠近路边易通行的地方（坡度小于 25°）嫁接野生板

栗。然而，项目不提供这一活动的劳务补贴或技术支持。最高嫁接数量为 25 株/亩。不允许整地、破坏地面植被或开展可能导致水土流失的活动。

⑨避免火险，一旦发生，立即扑灭。

⑩严禁放牧。在封山育林范围内如有任何放牧迹象，当年的小班将不合格（直到下一次检查）。

（4）合同

在封山育林活动开始之前，要使用项目制定的标准样式签订 20 年的合同。

①在封山育林活动中，一个小班签订一份合同。

②由县项目办与农民参与者签订合同，并由村委（集体）签名。不与任何乡政府、乡村林业站、林场或类似机构签订合同。

（5）监测内容

①图件资料、土地使用权证或土地承包合同及签订的项目合同。

②林地保护情况。

（6）监测程序

①由乡林业站和县项目办监测单位对所有封山育林地进行 100%的自查。

②每年由省监测中心对所有承包的小班进行 100%检查。

③由国际监测+评估（M+E）咨询专家进行抽样检查（抽样检查比例待定）。

（7）支付程序

①支付标准：每年 40 元/hm²（2.67 元/亩），合计为（6 年）240 元/hm²（16 元/亩）。

②省监测中心和国际监测+评估（M+E）咨询专家检查不合格的小班，不予报账，损失自负。

2. 森林可持续经营示范区建设案例

湖北省自 2005—2013 年实施了中德财政合作湖北二期小农户造林项目——森林可持续经营项目，建立森林可持续经营示范区 18 个、面积 10 685.72hm²。其中红安县 5 个，面积 3332hm²；麻城市 4 个，面积 6000hm²；团凤县 3 个，面积 666.67hm²；蕲春县 1 个，面积 167.05hm²；罗田县 5 个，面积 520hm²。为了全面掌握中德合作造林项目各项任务指标完成情况，评价森林可持续经营示范区建设的成效，及时总结项目建设经验，受湖北省林业厅外资办的委托，湖北生态工程职业技术学院安排科研人员于 2018 年 6 月 1 日至 8 月 30 日赴项目实施地区，对黄冈市 2005 年以来建立的森林可持续经营示范区进行了实地调查，结果表明：经过 10 多年的实施，森林经营达到了预期目标。林分结构得到明显改善，形成了由乡土树种组成的多树种混交的多层次空间结构和异龄林结构的近自然森林，林木呈随机自然分布状态；森林植物种类明显增多，比实施前多 5 种以上的植物，实现天然更新或以天然更新为主的更新方式，森林演替为进展演替方向，阔叶树逐渐替代针叶树；森林质量显著提高，林分的蓄积量明显增加，林木平均胸径增长 50%以上，平均树高增长

10%以上，平均每公顷蓄积增长50%以上；森林郁闭度保持在0.8~0.9，林内的枯枝落叶及腐烂物呈自然分解状态，土壤有机质含量逐年提高，林内动植物、土壤微生物等明显增加，林地土壤腐殖质层厚达10cm左右。如罗田县按照近自然森林经营方式，抚育4万亩，现在森林主要由乡土树种马尾松、枫香、青冈栎、栓皮栎、麻栎和苦槠等组成，表现最好的树种为枫香，最高林分蓄积量达400m³/hm²，最高单株材积达2.07m³。全县针叶林面积由121万亩减少至80万亩，阔叶林由5万亩增加至10万亩。示范区的示范效应凸显，为项目区全面开展森林可持续经营提供了技术保障和科学依据。

（1）目标树经营体系

以单株木为林分作业对象的目标树经营体系是近自然森林经营区别于其他森林经营的、特征最为显著的部分。传统的森林抚育的重点是按一定比例确定和伐除不要的林木，而目标树经营体系中自始至终经营的重点都是确定和标记需要的林木，即目标树，并将目标树进行分类标记和记录，在整个森林培育过程中所有的林分抚育管理措施都是以目标树为中心进行，包括它们的生长、更新、保护和利用等各个方面。

（2）林木分类

目标树单株木林分作业体系是在人类长期的森林经营活动中探索出来的一种结合生态、经济和社会需求的单株木抚育管理作业体系。这个体系设计的基本原则是理解和尊重自然，充分利用林木自身更新生长潜力，生态和经济目标兼顾，最大限度地降低森林经营的投入。把所有林木分为：

①目标树　长期保留、完成天然下种更新并达到目标直径后才利用的林木，标记为"Z"类，用红色塑料带标记。

②干扰树　影响目标树生长的、需要在近期或下一个检查期择伐的林木，记为"B"类，用黄色塑料带标记。

③特殊目标树　为增加混交树种、提供非木材林产品、保持林分结构或生物多样性等目标服务的林木，记为"S"类，用红色或蓝色塑料带标记。

④不属于以上3类的一般林木，不做特别标记，可按需要采伐利用以满足当地的用材需求。

（3）目标树选择

①实生林木。

②处于林冠上层、生活力旺盛的优势木。

③树干通直饱满且有4m以上的可用干材。

④全株无损伤或至少树干基部无明显损伤的林木。

（4）特殊目标树

①为增加混交和主林层改造需要的林木个体。

②可作为非木材资源用途的林木，包括可用于非木材产品的林木，如油脂、水果、坚果、药材等产品的林木个体。

③稀有树种、母树等对森林未来发展很重要的林木。

④所有已经有鸟巢的林木必须标记为特别目标树加以保护。

⑤在纯林中要特别注意把濒死木和枯立木选择为特别目标树进行标记和保留，以作为其他微生物、昆虫、鸟类的重要栖息环境因素来增加森林多样性组成而提高森林的稳定性。

（5）目标树终伐直径

针叶树的目标直径为45cm，阔叶树为50cm。

（6）技术要素和作业程序

①按森林的发展演替特征确定其发展阶段。

②调查林分经营的生态基础条件。

③对经营目标进行分析和设计。

④执行林木分类并估计抚育作业量。

（7）确定森林所处生长阶段的指标

①营建林阶段

● 林冠尚未郁闭。

● 林地内的温度与外面稻田地的温度一样。

● 平均高度小于5m，胸径小于7cm。

● 分散的天然更新或小部分间距。

● 天然更新主要是喜光的树种。

②合格林分阶段

● 林冠在不同林层郁闭。

● 平均高度5~10m，胸径5~10cm。

● 林地内的温度比外面稻田地的温度低，湿度也更大。

● 耐阴树种在天然更新林中开始生长。

● 草本和灌木减少。

在本阶段后期，替代经济树种的候选树种，阔叶树通直干至少达4m、针叶树通直干至少达6m，树间距有较大区别。

③择伐阶段

● 优势树种的高度超过10m，胸径达10~40cm。

● 林冠继续郁闭。

● 不同的树冠层已形成（分化明显）。

● 地上明显没有杂草和灌木。

● 天然更新大多是耐阴树种。

● 在上林层中按树种依次混交。

④永久林阶段

● 成熟树木的直径大于40cm，树高超过20m。

● 林冠郁闭，林层继续分化。

● 不同年龄阶段的不同树种在同一地区混交。

● 在完全成林后，之前的发育阶段三五成群（一个个小群落）地出现。

●主要技术措施。

近自然森林经营基本的技术措施主要是根据森林发育和演替阶段的特征来制定经营目标和经营措施，具体见附表1。

附表1　各个森林演替阶段的主要经营目标和经营措施

项目	森林建群阶段	质量形成阶段	竞争选择阶段	恒续森林阶段
特征	从造林到树冠郁闭（胸径0～7cm，树高0～5m）	从树冠郁闭到林分结构分化（胸径8～12cm，树高5～10m）	从林木分化到形成恒续森林（胸径12～20cm，树高>10m，个别树无枝，树干高达4m）	混交林，复层结构，开始形成近自然森林，林分由平均胸径>20cm的树组成
经营目标	通过造林和天然更新建成密集的森林植被	结构和质量产生分化，形成多样化林分	改善林分结构和质量，促进目的树生长	维持多种森林功能，形成永久性森林，持续获得高质量木材产品
主要营林活动措施	天然林：保护森林不受人类活动干扰和放牧。人工林：前3年要进行幼林抚育	天然林：保护森林，充分利用林木的自然竞争。人工林：去掉不合适的树木	标记目的树，以选择提高单株林木质量为目标，去掉竞争树木，严格保护下层树木、天然更新树木及灌木	以可持续的方式，根据规定的最小直径采伐标记的目标树，严格保护天然更新幼树。如果需要，可在空地进行人工补植
木材产出	没有产出	人工林（有限的薪炭材）	中小径材（4m长，小头直径8cm）	圆木（4m长，小头直径20～30cm）
可持续采伐量	不采伐	0.1～0.3m³/(hm²·年)	1～2m³/(hm²·年)	3～5m³/(hm²·年)
持续时间	5～10年	5～10年	10～15年	永久性

⑤营建林阶段

●严格保护，使树木林冠尽快郁闭。

●禁止放牧、采集薪材、林中用火。

●在天然更新林中不进行抚育或锄草。

●一旦树木林冠高于竞争的植被，才停止抚育和除草（保证树木高于杂草）。

●保留灌木层，防止水土流失。

⑥合格林分阶段

●严格保护天然林、禁止放牧、林中用火。

●对针叶树林进行第一次轻度的间伐（杉木、松树、柳杉、水杉），提高林冠郁闭度，防止大风和冰雪给林分带来的损害，旨在形成一个稳定的林分。

●伐除林分中的霸王树（生命力很强但干形不好且无使用价值的树木）。

⑦择伐阶段

●按下列准则选择永久的目标树（需标记）：

——优势树：树木林冠处上部有充足的阳光，至少在旁边也能有阳光照射，属于林冠上层。

——长势好：树冠发育良好（对称、茂盛、浓密）。

——材质好：树冠通直、干形好、无死节，至少有4m无分枝及看不到树木破损或感染的迹象。

- 砍伐对目标树有影响的竞争木（干扰树）：

——在优势树林冠最上层，但比目标树材质差。

——与目标树相邻，林冠相连或高过目标树。

——着重对在优势树林冠上层的干扰树进行间伐，在中林层和下林层只移除死树和患病的树。

- 除去攀缘植物，在砍伐和集材时严格保护好小树、下林层树和灌木。
- 不对正在生长的阔叶树进行薪材采集。
- 保留少量的树枝和树叶以致保护土壤。

⑧永久林分阶段

- 树木达到采伐直径后，对已标记的目标树进行择伐。
- 注意防止过度采伐使林分返回到营建林或合格林分阶段。
- 在 5 年间，注意采伐林木蓄积量应小于 10%。
- 在采伐时，不砍伐稀有的阔叶树种，特别是母树。
- 只能在得到县级林草部门批准之后才能进行砍伐。
- 在砍伐过程中，防止因为树木倒下损害天然更新或目标树。
- 严格保护天然更新，禁止放牧和林中生火。
- 如果没有足够的天然更新，在空地上进行补植。